话 剧

几何人生

—— 刘 攀 编著

华东师范大学出版社
·上海·

图书在版编目(CIP)数据

数学话剧. 几何人生/刘攀编著. —上海：华东师范大学出版社,2025. —ISBN 978-7-5760-5852-9

Ⅰ.O1-49

中国国家版本馆 CIP 数据核字第 2025SS2234 号

本书出版获数学天元基金项目(项目号：12126506)和上海市核心数学与实践重点实验室项目(经费号：No. 22DZ2229014)等的支持。

SHUXUE HUAJU JIHE RENSHENG

数学话剧·几何人生

编著者	刘 攀
责任编辑	孔令志
特约审读	李 航
责任校对	姜 峰　时东明
装帧设计	何莎莎
出版发行	华东师范大学出版社
社　　址	上海市中山北路 3663 号　邮编 200062
网　　址	www.ecnupress.com.cn
电　　话	021-60821666　行政传真 021-62572105
客服电话	021-62865537　门市(邮购)电话 021-62869887
地　　址	上海市中山北路 3663 号华东师范大学校内先锋路口
网　　店	http://hdsdcbs.tmall.com
印 刷 者	上海锦佳印刷有限公司
开　　本	787 毫米×1092 毫米　1/16
印　　张	15.5
插　　页	2
字　　数	292 千字
版　　次	2025 年 6 月第 1 版
印　　次	2025 年 6 月第 1 次
书　　号	ISBN 978-7-5760-5852-9
定　　价	62.00 元
出版人	王 焰

(如发现本版图书有印订质量问题,请寄回本社客服中心调换或电话 021-62865537 联系)

序 一

由于数学在人类文化和科学中具有举足轻重的地位,让公众更好地了解数学、理解数学,一直是数学界的一项重要的工作内容。可是由于数学的抽象性,做好数学的科普并不是一件容易的事情。近年来,国内的数学科普越来越得到数学界的重视,并且以多种形式取得了令人欣喜的进展。其中,华东师范大学数学科学学院以"原创数学话剧"等形式致力于数学普及和数学文化的传播,尤为令人瞩目。

运用话剧舞台来展现数学的魅力不仅是具有原创性的尝试,也是一项巨大的挑战。这些年来,华东师大的同仁们先后创作和上演了《物镜天哲》《黎曼的探戈》《几何人生——大师陈省身》等多部原创数学话剧。其中 2018 年推出的话剧《几何人生 II——大师陈省身》,依然以数学大师陈省身先生的智慧人生和科学故事为主线,出色地演绎了陈先生"世界数学的大师"的风采和"心系中国数学"的爱国情怀。几年来,该剧在沪、京、津等地演出十多场,受到青少年观众与社会媒体的广泛欢迎和好评。我本人 2019 年 12 月在华东师大参加学术会议期间有幸在现场观看了数学话剧《让我们从〈几何原本〉谈起》的演出,感同身受。特别地,我看到许多中小学生非常投入地观看话剧,深切体会到用话剧展现数学文化的魅力。

令我特别感动的是,2021 年,时值陈省身先生诞辰 110 周年之际,《几何人生 II——大师陈省身》话剧组专门到南开大学演出,不仅成为南开大学纪念陈省身先生诞辰 110 周年系列活动的重要组成部分,也使得南开大学的众多师生对陈先生有了具象化的了解。

2022 年 9 月,中共中央办公厅、国务院办公厅印发了《关于新时代进一步加强科学技术普及工作的意见》,进一步明确了科学普及工作的重要地位。本书的出版,是对中国科普事业的一个坚实的贡献。同时，相信会有更多的青少年，在阅读本书之后，将对数学以及数学家产生亲和感，并以更大的热情投入学习中，为中国早日成为数学强国而奋斗。

张伟平（中国科学院院士）

陈省身数学研究所

2022 年 10 月 2 日

序 二

抽象并严谨的数学生长于肥沃的数学文化之土壤中,而在这片数千年之久的土壤里,活跃着无数朴素又传奇的数学家。看似生硬的数学,背后隐藏着数学家们的喜怒哀乐,伴随着他们的精彩人生。如何向大众,尤其是年轻的学习者揭开数学的神秘面纱,让他们体验悠久且充满灵性的数学文化?在此呈现的数学话剧是一个很好的范例,刘攀老师带领其团队,通过喜闻乐见的戏剧艺术——话剧,生动地演绎出数学家们在数学土壤中耕耘时灵感的突现、汗水的挥洒、成果的收获、观点的碰撞。

数学话剧是一种综合的艺术,感染着年轻的学生们。带着对表演的憧憬、对数学的热情,学生们在舞台上塑造了一个个纵贯千年的数学家。在刘攀老师的精心设计下,我曾有幸加入2018年数学话剧的表演团队,与年轻的学子们一起再现古今中外数学家的传奇人生。

作为女性参与话剧《数海巾帼》的表演,我犹如在数千年的时空中穿梭,分别走进了女数学家希帕蒂娅、苏菲·热尔曼、索菲娅·科瓦列夫斯卡娅、埃米·诺特、朱丽亚·罗宾逊、班昭、胡和生等的人生世界,感悟她们所拥有的数学精神,尤其是数学的人文精神。

古希腊女数学家希帕蒂娅在评注数学经典著作——如《几何原本》《天文学大成》过程中,善于思考、敢于反思,有自己的主见,治学一丝不苟。面对枯燥的评注,希帕蒂娅有着自己独特的感受,在她看来,撰写评注是打开数学奥秘之门的金钥匙,也是探索真理的指明灯。希帕蒂娅的求实探索、唯物辩证、无私奉献的数学精神令人钦佩。

同样,数学话剧感染着现场观看表演的观众。《几何人生Ⅱ——大师陈省身》开演,当中国数学泰斗陈省身先生——经由想象力——走上舞台时,现场一片宁静,犹如正在聆听先生的讲演。他娓娓道来,和我们一道分享他的数学思想:"众所周知,平面上任何一个三角形的三个内角之和等于180度……在欧几里得之后的两千多年,高斯推广了这个定理……对曲边三角形来说，三角形内角和可能大于180度，也可能小于180度……如何将高斯-博内定理推广到一般的黎曼流形的情形……寻找一种不基于外部空间的内蕴证明，这会是一个很有意义的事情……"现场观众不禁被数学话剧带入与数学大师的对话情境中，他们的数学思维被激活，按捺不住与大师对话的兴奋。这就是数学话剧的魅力，它不仅是艺术展演，而且是数学精神的传播，观众沉浸其中，宛如穿越数学的历史长河，亲历数学家的精彩人生。

数学话剧是一种开放的教育资源。一部话剧的诞生，离不开编剧的智慧与思想，也离不开演员们的真情演绎。刘攀老师将构思并创作剧本的过程与鼓励学生们探索数学以及数学文化的课程目标相结合。创作话剧的思想源泉以及资源成为课堂教学的资源，话剧中的一个个数学家人物以及一个个事件成为学生们搜索并阅读文献的关键词。对于学生们学习效果的评价，不局限于纸面的测评，而是考查他们对角色的理解、对剧本内容的掌握以及表演的真实性。

在沉浸式课堂学习过程中，学生会预先选好自己愿意挑战的角色，用心投入话剧排练之中。例如，为了扮演好埃米·诺特，学生们需要讲演她的非交换代数的研究成果，或演绎她在哥廷根大学旁听数学专业课的心理活动。为此，学生不仅会尝试掌握相关的抽象代数的概念，还要了解诺特先生痴心钻研抽象难懂的数学概念的经历，只有这样才能自如地扮演好这一角色。因此，排练过程也是课堂教学的延续，数学话剧是非常有效的教育资源。

数学话剧也是落实基础教育阶段数学课程改革理念的可选路径。随着2018年高中数学课程标准、2022年义务教育数学课程标准的颁布，我国完成了对21世纪以来的数学课程标准的一次重大修订。新时代的数学课程标准旨在落实立德树人根本任务，发展素质教育。数学课程目标以学生发展为本，以核心素养为导向，进一步强调使学生获得在"四基"（数学基础知识、基本技能、基本思想和基本活动经验）上的发展，在"四能"（运用数学知识与方法发现、提出、分析和解决问题）上的提升，并形成正确的情感、态度和价值观。显然要落实这次数学课程改革理念，需要与之匹配的教学以及评价的改革。

历经10多年实践的华东师范大学数学话剧，不仅是艺术表演，也可以被看作是一种有效的数学文化教育模式，学生在参与编剧、参与排练、参与表演中，经历数学学习过程，体验数学文化，提升数学素养。如何发挥数学话剧的教学价值，将是数学教育研究领域的新方向。数学话剧中蕴含着丰富的数学文化资源，如何将文化资源转变为课程教学资源，同样也是数学教育领域可研究的方向。数学话剧伴随着全新的学习评价理念，如何从这样的评价理念获得启发，为新时代数学课程的评价提供新思路新方法，又是数学教育研究的新话题。期待数学话剧继续以文化传播为主体功能,进一步发挥数学话剧的课程教学价值,为数学课程改革提供创新型路径。

华东师范大学　丽娃河畔

2022 年 9 月 18 日

前　言

这部小书中收藏有《数海巾帼》和《几何人生Ⅱ——大师陈省身》(以下简称"《几何人生Ⅱ》")两部原创数学话剧的剧本，以及背后的一些数学文化故事。

华东师范大学踏上数学话剧的创作与实践之路，已然走过了十多个春秋。回溯往昔，自2012年最初的作品《无以复伽》拉开数学话剧的序幕，到2022年《当〈几何原本〉遇见〈九章算术〉》在舞台上绽放光芒，这十多年间，我们已创作和成功排演了20余部原创数学话剧。每一年，数学话剧都如同一场精彩纷呈的文化盛宴，许多同学因为在这场盛宴中参与话剧展演而更加喜爱数学；每一次，都会有不少同学通过观看数学话剧，真切领略到数学文化那独特而迷人的魅力。每一次数学话剧月活动的举办，都在我们心中留下了难以磨灭的美好回忆，亦带来满满的感动。《数海巾帼》和《几何人生Ⅱ》，便是我们在2018年推出的两部数学话剧。

话剧《数海巾帼》以独特的艺术表现形式，再现了希帕蒂娅、苏菲·热尔曼、索菲娅·科瓦列夫斯卡娅、埃米·诺特、朱丽亚·罗宾逊这五位传奇女性的数学故事与人生传奇。她们来自不同的时代，身处不同的地域，却因对数学的热爱与执着追求而紧密相连。借助跨越时空的奇妙想象力，我们将她们汇聚在同一部话剧的主题之下，以传奇女性这一别具一格的视角，带领观众一同品读数学之美，漫步文化之桥……

话剧《几何人生Ⅱ》是在2017年推出的《几何人生——大师陈省身》的基础上进行的深度再创作。与前作一样，这部新话剧依然以数学大师陈省身的智慧人生和科学传奇绽放话剧的精彩。其主旋律紧扣"世界数学的大师"和"中国数学的泰斗"这两条主线。作为"世界数学的大师"，陈省身先生拥有超越国界的广阔视野，在数学领域留下了不可磨灭的印记；作为"中国数学的泰斗"，他怀着满腔热忱，以拳拳赤子之心引领中国数学逐步走向世界舞台。在先生的身上，踏足现代数学殿堂的开拓进取精神与炽热深沉的爱国情怀相互交融、交相辉映。与前一部话剧有所不同的是，这一部话剧的剧本从一些数学学习者的视角展开来讲述故事。一本《陈省身传》导引出两位大学生相识相遇相知的缘分，带领观众跟随他们的脚步，一同走进陈先生波澜壮阔的"几何人生"……

　　数学话剧,作为一种创新的艺术形式,不仅为数学普及与文化传播开辟了全新的模式,同时也为实践数学教育和通识教育搭建了别具一格的第二课堂。以数学话剧为引领,推动文化教育与创新的融合,通过讲述相关的数学科学知识和人文故事,让青年学子亲身参与话剧演出,能够更有效地实现科学技能与人文素养的同步提升。在引导学生树立"科学自信"的过程中,数学话剧以一种"润物细无声"的方式,将可贵的团队合作精神以及科学工匠精神传递给每一位同学,助力他们全面成长。

　　回眸这些年数学话剧的编演历程,我们收获了诸多的感动和启迪。说实在的,我们并不专业——不专业的导演,不专业的编剧,不专业的演员! 可是我们又是专业的——我们是数学专业的话剧。数学话剧赋予我们以无限的可能:在我们的团队中,有一些同学或许会是未来的数学家,他们并不擅长表演,却因为怀有普及数学和传承大师科学工匠精神的使命感,因此勇敢地踏上了这一最为独特的舞台。在我们团队中,还有不少同学是文科专业的,他们原本对数学心存畏惧,却因为热爱表演,毅然加入到这充满正能量的数学文化传播之旅中! 话剧组的所有同学带着热情、专注,为着同一的主旋律而努力,这是十分可贵和动人的。在那些日子里,我们一道为此群策群力,才得以造就那一场场话剧演出的精彩! 这是数学话剧与话剧的舞台赋予我们的力量。

　　希帕蒂娅、苏菲·热尔曼、索菲娅·科瓦列夫斯卡娅、埃米·诺特、朱丽亚·罗宾逊、陈省身、华罗庚、姜立夫……

　　数学的故事说不完。话剧,可以因为数学而无限精彩!

　　本书的一部分内容,取材于编者所开设的通识课《数学文化传播》的课程讲义,其中有来自课上同学们的智慧与启迪。本书既可以作为高等院校大学生科学人文类通识课程的辅助教材,帮助大学生拓宽知识边界、提升综合素养;也能够成为中小学数学文化拓展类课程的优质参考书,为中小学生打开一扇了解数学文化的新窗口,激发他们对数学的浓厚兴趣。

　　这些年来,数学话剧以及相关文化传播活动能够蓬勃发展,离不开学校和院系内外众多老师、同学的大力支持与积极推动。每一年的数学话剧活动,都有许多同事、数学文化领域的专家和朋友,通过各种方式为数学普及和文化传播贡献力量,在此,致以最诚挚的感谢。2018年,源于学校和学院的全力支持以及上海市科委科普项目的相关经费资助,我们在《几何人生——大师陈省身》的基础上,成功推出了《几何人生Ⅱ》。至今这部数学话剧已公开演出12场,线下观众累计超过3 700人。两年多来,话剧的足迹到过上海市宋庆龄学校、江苏省北郊高级中学,还到过北京大学、南开大学、中国科学技术大学等知名学府。在此,衷心感谢所有为这一系列数学文化公益活动的成功举办付出努力的老师和朋友们!尤其要感谢陈省身数学研究所的邀请,《几何人生Ⅱ》话剧组备感荣幸,能够为纪念陈省身先生诞辰110周年系列活动贡献微薄之力!活动期间,同学们实地参观了陈先生的故居宁园、省身楼等,还观看了一些未对外开放的珍贵影像资料,得以近距离领略先生的几何人生,感受先生的人格魅力,收获满满,不虚此行。

在我们这些年的数学话剧故事里,有太多的同学需要感谢:康维扬、卢昊宇、贾亦真、徐佳轶、李艳、赵景怡、李月莹……因为多,无法在此一一具名,他们每一个人的努力都不可或缺。在此,还要特别感谢徐斌艳、陈双双两位教授级数学教育专家,他们应邀加盟《数海巾帼》来本色出演,为该剧的文化普及和传播倍添精彩。同时,在此谨向如下的老师们致以特别的谢意:汪晓勤、贾挚、谈胜利、熊斌、潘建瑜、羊丹平、范良火、汤涛……他们既是数学话剧的热心观众,还是这一科学文化教育活动的顾问。此外,华东师范大学出版社孔令志老师等编辑人员付出了大量的心血,才使得本书能够如期与读者见面,我们对他们的辛勤工作深表感激。

感谢中国科学院院士、陈省身数学研究所张伟平教授,以及华东师范大学徐斌艳教授,欣然为本书倾情作序,助力话剧数学普及和文化传播不断砥砺前行。

近年来,数学话剧活动得到了国家自然科学基金项目、上海市科委科普项目以及华东师范大学校园相关经费的资助。本书的出版,也离不开数学天元基金项目和上海市核心数学与实践重点实验室项目经费等的支持。在此致以衷心的感谢!

这两部数学话剧本依然有着不少可以继续完善的空间。不管是《数海巾帼》,还是《几何人生Ⅱ》话剧系列,每一个伟大的数学故事,都值得我们许多次来再演绎,以期待它的完美!本书只是抛砖引玉,以期待激发更多、更精彩的数学话剧作品诞生,为数学文化的传播注入源源不断的活力。

品读数学之美,漫步文化之桥。我们真诚地希望,数学话剧可以为传播数学文化,为改善数学教育,贡献一己之力。

编者
2022 年 12 月 10 日
于华东师大闵行校区数学馆

目 录

序一 / i
序二 / iii
前言 / vii

一 数海巾帼 ———————————————————————— 001

第一篇 数海巾帼 _ 002

  第一幕　第一场　遇见数学 _ 003

  第二幕　第一场　姐妹情 _ 007
          第二场　伯克利的情怀 _ 010
          第三场　你是我一生的陪伴 _ 013
          第四场　世界上最遥远的距离 _ 016
          第五场　荣誉的采访 _ 021

  第三幕　第一场　丑小鸭的数学智慧 _ 024
          第二场　回到埃尔朗根 _ 027
          第三场　抽象与具象之间的数学对话 _ 030
          第四场　教授很生气 _ 035
          第五场　课堂的画片 _ 037

  第四幕　第一场　大学河畔 _ 039
          第二场　大师与学生 _ 042
          第三场　柏林的星空 _ 045
          第四场　鸿雁传书十数载 _ 047
          第五场　最高的赞誉 _ 052

  第五幕　第一场　数学的邂逅 _ 054
          第二场　大师到访 _ 056
          第三场　当苏菲遇见热尔曼 _ 060

第六幕　第一场　让我们相约在悖论王国_064
　　　　第二场　哲学家的女儿_067
　　　　第三场　自由的课堂_069
　　　　第四场　最后的讲学_072
　　　　第五场　思想的回音_075

剧中曲　女性数学家传奇_077

第七幕　第一场　数海巾帼_078

第二篇　女性数学家传奇_083

第三篇　剧本之外的云彩_094

3.1　女性的科学传奇_095

3.2　话剧《数海巾帼》相关的侧记_119

二　几何人生Ⅱ——大师陈省身 ... 137

第一篇　几何人生Ⅱ——大师陈省身_139

第一幕　第一场　最后的采访_140
　　　　第二场　汉堡的天空_142
　　　　第三场　再见,西南联大_146

第二幕　第一场　这里有一项作业_149
　　　　第二场　你知道陈省身么_151
　　　　第三场　心灵与天空_153

第三幕　第一场　让我们从三角形内角和定理谈起_158
　　　　第二场　壶中日月有几何_162

第四幕　第一场　书中自有颜如玉_166
　　　　第二场　我在这里_169
　　　　第三场　等待着那心之陋室窗外_173

第五幕　第一场　大家都来聊聊天_175

第六幕　第一场　你的灵犀一动_179

第二篇　话剧《几何人生Ⅱ》之角_180

2.1　几何学的大师们_182

2.2　话剧中的科学人物_195

  2.3 话剧中的一些科学故事片段_ *207*

  2.4 21世纪数学大国_ *210*

  2.5 收获、启迪与展望_ *215*

第三篇 "爱在中国"——话剧再创作画片_ *226*

一
数海巾帼

第一篇

数海巾帼

第一幕

第一场　遇见数学

> 时间：2035 年 10 月的某一天
> 地点：华东师大一隅
> 人物：陈焦，柳形上（《竹里馆》节目主持人），现场的观众朋友们

［灯亮处，柳形上从舞台的一边上，伴随隐约的音乐之声来到舞台中央。

柳形上　独坐幽篁里，弹琴复长啸。深林人不知，明月来相照。

同学们，老师们，朋友们，晚上好！这里是华东师大数学文化类节目《竹里馆》的录制现场，我是主持人柳形上。欢迎你们的到来！（此处有掌声）

柳形上　华东师大《竹里馆》的系列活动自 2010 年录播以来，已历经二十多个春秋啦。在这漫漫的时光里，我们怀抱数学的梦与想象力，传递人文的哲思与爱。虽艰辛，亦快乐。在此……亦感谢大家一路相随，不离不弃，谢谢你们！接下来，就让我们漫步进入今天的主题：女性数学家传奇！（稍加停顿）今天，我们有幸邀请到一位特别的嘉宾——她是一位非常优秀的青年女数学家，来加盟这一期活动！她将和我们一道来聊聊"数学文化之旅中的女数学家们"。大家掌声有请！

［在众人的掌声里，陈焦从舞台的一边上。这里或可再配饰一些相关的音乐声。

［柳形上迎上一步，两人握手。

柳形上　陈焦学姐，你好！欢迎来《竹里馆》做客！

陈　焦　主持人好！

柳形上　请先和下面的观众朋友们打个招呼吧。

陈　　焦　　大家晚上好！我是陈焦，很高兴来《竹里馆》做客！

柳形上　　我想——对底下在座的年轻的同学们，特别是华东师大数学科学学院的学子们来说，陈焦学姐是一位科学偶像！这些年……在华东师大数学人的口中，"陈焦"这个名字可谓是如雷贯耳哈。

陈　　焦　　（微笑道）不敢当。

柳形上　　陈焦学姐在十二年前毕业于华东师大，然后去了美国读研……她现在可是著名的普林斯顿高等研究院"外尔（H. Weyl）讲座教授"呢。

陈　　焦　　谢谢！

柳形上　　最近这几年来，陈焦学姐获得了一系列震撼世界数学的荣誉……特别是，她还获得了今年的"遇见数学"奖！这可是当今国际数坛的最高荣誉之一。当然除了荣誉，还有一笔丰厚的奖金……

陈　　焦　　感谢母校……大学的时光真让人怀念啊！

柳形上　　学姐，那我们坐下聊！

陈　　焦　　好的。

［在观众的掌声里，两人在舞台中央的桌子旁坐下。

柳形上　　（以一种很是缓慢的语气道来）在人类文明的长河中，数学始终在我们的思维中占有极为重要的位置，它几乎是任何一门科学所不可缺少的。古往今来，我们从不缺少伟大的智者，他们打开通往数学真理圣殿途中的重重关卡。（稍停处）然而，我们也不无遗憾地看到，其中能够在数学家的称谓后冠以自己姓氏的女性，却是多么的稀少。（稍停了停，面向陈焦语道）学姐之所以会成为一位出色的女性数学家，背后有着怎样的故事呢？听说你所从事的研究领域，可是一个极具挑战性的方向——算术……代数几何呢?!

陈　　焦　　（微微一笑，道）这说来话长。

柳形上　　你小时候就非常喜欢数学吗？

陈　　焦　　小时候呀，说不上喜爱数学，不过也不算讨厌。相比而言，我比较喜欢文学。

柳形上　哦?

陈　焦　慢慢地喜欢上数学,是后来到了宋庆龄学校读书期间。我的班主任陈双双老师是一名出色的数学教师,在精彩讲授数学之外,她还时而会引导我们去阅读课堂外的数学和人文世界。

柳形上　喔,宋庆龄学校……学姐是上海人?

陈　焦　是的。我出生在青浦。

柳形上　原来如此……那你后来——为何会选择来华东师大,来学数学呢?以你当年高考的成绩,是不是可以进复旦,或者是北大清华呢?……要知道,上海宋庆龄学校可是一所很不错的学校呢。

陈　焦　嗯。曾有想过——去复旦或者北大的中文系读书……最后"阴差阳错地"选择来到华东师范大学读数学,是因为一部原创数学话剧!

柳形上　因为一部数学话剧?

陈　焦　那年我正读高三,由于陈老师的引荐,去华东师大看了一场数学话剧。话剧叫作……叫作《黎曼的探戈》!

柳形上　《黎曼的探戈》……那是我们2017年推出的一部原创数学话剧!

陈　焦　记忆里,那部数学话剧真的很有趣!那晚的演出让人惊艳!一群非专业演员的同学演得真的好"专业",还有舞台上小朋友的精彩群舞!(稍停处)哦,还有,犹记得那穿插在话剧中——很是高深的数学讲座,我竟然听懂了……

柳形上　嗯哈,这么说,原本会成为一位著名作家的你,因为与数学话剧的邂逅而成为一位数学家——一位比较稀奇的女数学家呢?!

陈　焦　很是奇妙。正是这部话剧搭建起缘分之桥,当时还是中学生的我报考来到了华东师大数学系!

柳形上　哈,这数学的缘分真是奇妙!

陈　焦　嗯。

柳形上　那后来呢……?

陈　　焦　　大学时代总是如此美好。因为喜欢,数学并没有折磨我。因为喜欢,我也多次参与过数学话剧的演出。因为喜欢,听了许多场数学讲座……其中印象最为深刻的一场讲座,大约是——徐斌艳教授的有关《女性数学家传奇》的讲座!

柳形上　　那我们是不是可以说,正是当初的话剧之桥,还有后来这一系列的数学活动都在推动着你……让你成为如此出色的一位数学家?!

陈　　焦　　我想是的。大学毕业后,我选择去了美国加州大学伯克利分校读研……我想——未来的我,或许可以做点数学研究看看。

柳形上　　还是回到今天……结合我们这一期节目的主题,在诸多的女性数学家中,哪一位带给你的专业影响是最为巨大的呢?

陈　　焦　　(沉吟着)朱丽亚·罗宾逊。嗯,是的……我在算术代数几何领域里的一些工作,和她的数学故事传奇有着深深的联系。对了,朱丽亚也是伯克利的校友!

柳形上　　哦,真巧。

陈　　焦　　朱丽亚是一位传奇的女性。她不仅由于数学上的出色成就而当选为美国科学院院士、美国数学会首位女主席,还致力于向正徘徊于数学边缘的女性伸出援助之手,帮助她们挣脱世俗的桎梏,在数学天地中一展才华……

柳形上　　那么,这又是怎样的一段传奇呢?且让我们漫步走入——这些传奇女性数学家的故事传奇里……

〔灯暗处,两人下。随后PPT上出现如下字幕。

第二幕

第一场　姐妹情

> 时间：1931年前后
> 地点：圣路易斯
> 人物：朱丽亚·罗宾逊，康斯坦丝·里德(朱丽亚的姐姐)

[灯亮处，舞台上有两个女孩子的身影。康斯坦丝·里德在看一本书卷，朱丽亚·罗宾逊走近她，轻声叫道。

朱丽亚·罗宾逊　　姐姐。

[康斯坦丝·里德没有回应她，或是故意和她开着玩笑。于是朱丽亚·罗宾逊又叫道。

朱丽亚·罗宾逊　　姐姐。

康斯坦丝·里德　　(放下书，看了看她，轻笑道)什么事？

朱丽亚·罗宾逊　　老师说……过几天在集会上让我当众发言。你能代我发言吗？

康斯坦丝·里德　　当众发言？朱丽亚，你都12岁了，这个还要姐姐代劳吗？

朱丽亚·罗宾逊　　(轻声道)嗯。我害怕。

康斯坦丝·里德　　害怕？

朱丽亚·罗宾逊　　嗯。你知道的，一上讲演台，我情不自禁——会哭。(看着康斯坦丝·里德略有微笑的眼神，央求道)求求你了，姐姐，你就答应嘛。

康斯坦丝·里德　　(沉吟着看着她一会儿，拥抱了她一下，说)好吧，我亲爱的妹妹！你得快点长大。

朱丽亚·罗宾逊　　姐姐你最好了。

康斯坦丝·里德	(拿出纸和笔)那我们——现在一起来聊聊讲点什么,比如说,可以先写个讲演稿。
朱丽亚·罗宾逊	嗯。
	[康斯坦丝·里德拿着笔想了想,像是在纸上写下些什么。朱丽亚·罗宾逊在边上看着,温馨的场面延伸着。约在10秒钟后。
康斯坦丝·里德	(放下笔,拿起手中的纸读道)我的妹妹朱丽亚·罗宾逊……我的妹妹朱丽亚·罗宾逊是个可爱的女生。她自小性格内向,害羞腼腆,不善言辞。她喜欢一个人静静地待在角落里,读着书。数学是朱丽亚的最爱!在她很小的时候,数学已让朱丽亚深深着迷。她在不经意间展现出对数学的浓厚兴趣让老师们大为惊叹。你们知道吗?2的平方根是一个无限不循环小数——这个问题曾经让10岁的朱丽亚苦思冥想,神魂颠倒……
朱丽亚·罗宾逊	姐姐,我现在学习和研究斐波那契数列。
康斯坦丝·里德	(放下手中的笔,问道)斐波那契数列?那是什么?
朱丽亚·罗宾逊	它是这样开始的,1,1,2,3,5,8,13,21,…
康斯坦丝·里德	这列数字是不是很有趣?
朱丽亚·罗宾逊	嗯,这是一个很奇妙的很有趣的数列,它有着许多神奇的性质。
康斯坦丝·里德	(拿起笔,写下)她最近在学习和研究斐波那契数列,它非常的神奇。(稍停后,问道)我们还可以说点什么?
朱丽亚·罗宾逊	最近我还在研究一个数学问题——嗯,名叫"物不知其数"问题,它连接着一个很有意思的定理——叫作中国剩余定理。
康斯坦丝·里德	"物不知其数"问题?
朱丽亚·罗宾逊	是的。它是这样说的:今有物不知其数,三三数之剩二;五五数之剩三;七七数之剩二。问物几何?
	[灯光渐暗处,舞台上,两人下,有旁白出。
旁 白	几年后的1936年,17岁的朱丽亚以优异的成绩考入圣迭戈州立学院。她选择数学作为主修专业,并开始为未来的教师生涯做准

备。在数学系这个充满男性气息的环境中,朱丽亚努力尝试面对一切:公平与歧视,欣赏与不屑,快乐与失落……在圣迭戈的日子尽管是平静的,却也是孤独的——那是心灵上的寂寞,一种缺少知音的孤独,直到她来到了伯克利(Berkeley)。

〔随后PPT上出现如下字幕。

第二场　伯克利的情怀

> 时间：1937 年前后
> 地点：美国伯克利
> 人物：朱丽亚·罗宾逊，同学 S（数学时间拍卖的主持人），同学 A、B、C，还可以加上其他的群演同学

［灯亮处，舞台上呈现的是一群学生在进行"数学时间拍卖"的情景。那是美国加州大学伯克利分校的一个数学公益的舞台。

同学 S　　　　同学们，朋友们！接下来我们将迎来下一位参与数学时间拍卖的"大咖"，这位神秘人物的关键词是，"优雅"，"知性"，还有"有点点害羞"（经由 PPT 同步呈现这些注释词）……当然，最重要的是，她是一位女生！

同学 A　　　　女生，谁呀？

同学 B　　　　我也很是好奇呢！

同学 C　　　　朱丽亚·罗宾逊！

同学 S　　　　是的。有同学猜出来了。她是——朱丽亚·罗宾逊！下面有请我们的朱丽亚来介绍她所拍卖的数学时光。大家掌声欢迎！

［在众人的掌声里，朱丽亚·罗宾逊走上"数学时间拍卖"的讲台。

朱丽亚·罗宾逊　我很高兴来参与这样的时间拍卖会……伯克利是个神奇的地方：在这片自由的土地上，你可以天马行空，自由畅想，尽情探索未知的世界；在这里，你的思想永远会得到尊重，即使别人并不同意你的观点……正因如此，伯克利孕育了无数的新思想和伟大的发现。（稍停后）

伯克利让我懂得分享数学的快乐。在为低年级的你们答疑解惑的同时,也可以为我们的数学公益尽自己的一点心力,这是一件如此有趣的事儿!影响个人,改变世界。你在大学数学的任何一门课若有疑问,我都乐于帮助。特别是来自——拉斐尔·罗宾逊教授的数论课堂中的疑难问题!

[当她走下讲台后,S同学重新走回舞台的中央来主持时间拍卖活动。

同学S	"影响个人,改变世界",恰如刚才朱丽亚·罗宾逊说的,"伯克利多元文化的发展历程所传播的理念是一个人一个人地去影响,直至改变整个世界。每天伯克利都有学生去贫困学校支教。这个传统历史悠久……"(稍停后) 期待经由这一数学公益的舞台,我们帮助需要帮助的,从而把自己变得更强大。下面我宣布朱丽亚·罗宾逊学姐的时间拍卖正式开拍,这起拍价是5美元……
同学A	8美元!
同学S	好的。8美元,还有比这更高的吗?
同学B	13美元!
同学C	21美元!
同学S	21美元,还有比这更高的吗?
同学A	34美元!
同学B	55美元!
同学S	现在是55美元,还有比这更高的吗?55美元一次,55美元二次……
同学A	89美元……

[灯光渐暗,时间拍卖的语声依稀还在继续……

[最后灯暗处,众人下。有旁白出。

旁　白	时间是一种有趣的东西……它会在拍卖中增值。它也会在岁月的

沉淀里收藏回忆与美好,给你带来思考、感动与启迪。经由时间老人神奇的手,在这里——在伯克利,朱丽亚遇见了她一生的伴侣,她的先生,她的爱人,拉斐尔·罗宾逊。

〔随后PPT上出现如下字幕。

第三场　你是我一生的陪伴

> 时间：1969年前后
> 地点：美国伯克利
> 人物：朱丽亚·罗宾逊和她的先生拉斐尔·罗宾逊

［灯亮处，舞台上呈现的是一个室内温馨的场景，朱丽亚和她的先生拉斐尔·罗宾逊相对而坐，桌上有一盒生日蛋糕和一组蜡烛见证他们的相识相知。伴随着隐约的音乐之声。

拉斐尔·罗宾逊　（举起酒杯道）亲爱的，今天是你五十岁的生日。祝你生日快乐！Cheers！

［两个人的酒杯微微相碰。

朱丽亚·罗宾逊　谢谢你！拉斐尔。

［两人将酒杯里的酒饮尽后。

拉斐尔·罗宾逊　亲爱的，许个愿吧！

［朱丽亚·罗宾逊许愿后，深情地说道。

朱丽亚·罗宾逊　亲爱的拉斐尔，谢谢你一生的陪伴！谢谢你引领我来到数学这奇妙的殿堂。

拉斐尔·罗宾逊　哦，亲爱的！我也是……谢谢你！因为有你，我很幸福！

朱丽亚·罗宾逊　（轻声说道）虽说在小时候，数学已让我深深着迷。由于其他的女孩早在低年级时就逃离了数学课堂，因此我是数学及物理课堂上唯一的女生。（稍停后，续道）尽管那时候的我成绩出众，在数学与科学课程中获得许多荣誉，但若不是在大学时代……在伯克利遇见了你,或许我不会选择数学作为终生的职业。

拉斐尔·罗宾逊 嗯,是吗?

朱丽亚·罗宾逊 (缓缓地轻声说道)在伯克利,我很快乐,那是一种充满喜悦的幸福。而之前在圣迭戈,根本没人和我志趣相投。如果真如布鲁诺·贝特尔海姆所说,"每个人都有属于自己的童话……"那么,从前的我无疑是只羞怯的丑小鸭。然而,在伯克利,突然间,我发觉自己——竟也变成了白天鹅。

拉斐尔·罗宾逊 (微笑地)伯克利是个神奇的所在,让一只丑小鸭变成了白天鹅。

朱丽亚·罗宾逊 (轻声语道)是的,这里有那么多的人,无论是教师还是学生,对数学都和我一样兴奋、痴迷。我不仅被选为数学联谊会的荣誉会员,而且还可以参加许多系里的社团活动——最重要的是,在这儿,我遇到了你。

拉斐尔·罗宾逊 还记得最初见到你,是在我执教的数论课堂。那天你让我眼前一亮,在这个只有五个人的班上,你是最出彩的……你是唯一的女性。

朱丽亚·罗宾逊 还记得——那个班上只有五个人,边散步边讨论数学问题是我们最喜欢的上课方式。

拉斐尔·罗宾逊 你的到来,让那数论的课堂平添精彩。你对数学的挚爱,影响并打动着课上的所有人。

朱丽亚·罗宾逊 那门课是我们的红娘……几年后,朱丽娅成了罗宾逊太太。

拉斐尔·罗宾逊 是的,缘分真是奇妙!因为有你,因为——有你的相知相伴,我很幸福。

朱丽亚·罗宾逊 嗯。我也是。因为有你,我很幸福。(稍停后,叹息道)哎,遗憾的是,因为我幼时体弱多病,导致无法给你生育一个孩子,这曾经一度是我生命中最为沉重的痛。谢谢你,亲爱的,那些年——在我情绪最为低落的时候,是你的支持和鼓励让我战胜了脆弱与茫然,从厚重的阴霾中挣脱出来。

拉斐尔·罗宾逊 亲爱的,人生难免会有这样那样的不完美。让我们感谢生命!也感谢数学！我很高兴看到,对数学的喜爱让你渐渐摆脱了痛苦和迷茫的阴影。很高兴看到你在数学上——特别在希尔伯特第十问题的研究上做出了令世界瞩目的成绩……

朱丽亚·罗宾逊　（喃喃道）希尔伯特第十问题……这竟也是生日愿望的一部分！

拉斐尔·罗宾逊　喔,是吗？这竟然也是你生日愿望的一部分？

朱丽亚·罗宾逊　亲爱的,说出来可能会让你笑话,今晚我的生日心愿之一是："希望在我的有生之年,能看到希尔伯特第十问题的解决！"（随后轻轻地说）我无法忍受在不知道答案的情况下离开人世。

拉斐尔·罗宾逊　哈哈！原来是这样。亲爱的,我相信,你的这个生日愿望——必将会……梦想成真！

〔灯渐暗处,舞台上,两人下,随后PPT上出现如下字幕。

第四场　世界上最遥远的距离

> 时间：20 世纪 50—70 年代
> 地点：美国、苏联
> 人物：朱丽亚·罗宾逊，马蒂亚塞维奇，马丁·戴维斯，希拉里·普特南

［灯亮处，舞台上出现朱丽亚·罗宾逊和马丁·戴维斯的身影。

朱丽亚·罗宾逊　半个多世纪之前，那是在 1900 年的巴黎……在第二届国际数学家大会上，大卫·希尔伯特有过一场伟大的数学演讲——在那场演讲中，他提出了 23 个著名的数学问题。这些问题极大地激发了整个数学界的想象力，对其后半个多世纪的现代数学具有如此深远的影响……

马丁·戴维斯　这些问题的一部分或已得到解决，一部分则谜底深藏，等待着年轻一代的数学家来探寻！

朱丽亚·罗宾逊　其中的第十问题说的是（同步经由 PPT 呈现下面的文字）：

给定一个系数为有理整数的，包含任意个未知数的丢番图方程，问：是否可设计一个过程（verfahren-process），通过有限次的计算，能够判定这一方程在有理整数上是否可解？

马丁·戴维斯　这是朱丽亚·罗宾逊和我都最感兴趣的问题。

朱丽亚·罗宾逊　在某种意义上，这一问题是希尔伯特 23 个问题中最古老的，因为丢番图方程的起源可以追溯到 1700 多年前的古希腊时代。

马丁·戴维斯　犹记得——那是在公元 3 世纪，有一部名叫《算术》的数学巨著横空出世。它的著者是富有神秘色彩的数学家丢番图（Diophantus）。

在他的著作中,丢番图对整系数代数多项式方程进行了大量研究,这些研究对代数与现代数论的发展有着先驱性的贡献。(稍停处)后人为了纪念他,就把整系数的代数多项式方程称为丢番图方程!

朱丽亚·罗宾逊　　数学家们最感兴趣的一个经典问题是,判定一个给定的丢番图方程是否有整数解。比如,方程 $x^2+y^2=z^2$ 有整数解,而 $2x+4y=1$ 则没有整数解。(稍停处)但是,对于一般的丢番图方程来说,判断它是否有整数解却往往是一件极其困难的事情,其中最著名的例子就是费马大定理的方程……

〔希拉里·普特南从舞台的一边上。

希拉里·普特南　　在希尔伯特第十问题提出之后的前 30 年,数学家们按照传统的方法加以研究,始终没有取得明显的进展,直到 20 世纪 30 年代后期,数理逻辑为这一问题的解决带来了希望。

马丁·戴维斯　　经过半个多世纪的等待,我们终于迎来了一个重要的概念,叫作"递归可枚举集"——这是那些由"可以有效计算的函数"所生成的自然数的集合。

朱丽亚·罗宾逊　　隐藏在这一数学故事背后的,是一些著名科学家的名字——丘奇、哥德尔、图灵、波斯特、克林……

希拉里·普特南　　戴维斯在他的研究中引进及运用了另外一个很重要的概念,叫作"丢番图集"——这类自然数的集合则是通过丢番图方程生成的。

朱丽亚·罗宾逊　　倘若我们可以建立这两类集合之间的一种关联——若能证明所有递归可枚举集都是丢番图集,则将给出希尔伯特第十问题的否定回答……因为数学家们已经发现,有一些递归可枚举集是不可判定的。

〔画面稍加驻留,停顿 3—5 秒钟后。

马丁·戴维斯　　在研究丢番图集与递归可枚举集的关联中,我们用到了一个被称为"有界全称量词"的逻辑算符。如果没有这个有界全称量词,我们就可以证明所有递归可枚举集都是丢番图集!

朱丽亚·罗宾逊　　最近我开始关注佩尔方程,这类方程对于解决希尔伯特第十问题

	或许具有举足轻重的作用……哈，成功似乎近在咫尺，但又仿佛遥不可及。
希拉里·普特南	喔……那个该死的"有界全称量词"，去掉它……可真是一件非常困难的事情呐。（稍停后，沉吟道）不过，借助中国剩余定理，加上朱丽亚·罗宾逊的方法，最近在与戴维斯的合作中我们有条件地做到了这一点。
马丁·戴维斯	是的，我们有条件地做到了这一点。只是，为此所付出的代价是，是不得不引进了两条额外的假设?!
朱丽亚·罗宾逊	"存在着具有任意有限长度的全由素数组成的算术级数"，这是出现在戴维斯和普特南原始论文中的一个迄今还未被证明的数论假设。不过凭我的直觉，我相信这一假设可以去掉，同时整个证明也可以做极大的简化。
希拉里·普特南	"任何递归可枚举集都是指数丢番图的!"在朱丽亚的巧思之下，最后这一定理的证明——既通俗易懂，又优雅简洁。它于1961年发表在《数学纪事》上。
	[画面在此再稍加驻留，停顿3—5秒钟后。
朱丽亚·罗宾逊	多年的研究经验让我相信，"指数丢番图集实际上就是丢番图集——"，这一断言现被称为"罗宾逊猜想"。
希拉里·普特南	那么指数丢番图集究竟是不是丢番图集呢？我们距离希尔伯特第十问题的解决只剩下一步之遥，但这一步却难似登天。那手握最后一把钥匙的人究竟在哪里呢？
朱丽亚·罗宾逊	世界上最遥远的距离……是你明明知道，有一个数学证明就在那里，但你却够不到它。
希拉里·普特南	在那些年，戴维斯也常常被人问到这一问题。当时正是冷战时期，对美国人来说，世界上最遥远的地方莫过于苏联。因此，戴维斯总是戏剧性地回答——
马丁·戴维斯	那会是一位聪明的苏联年轻人!
希拉里·普特南	如果戴维斯是一位占星师的话，他的这一回答足可让他名震天

下……因为他每一个字都说对了！一位聪明的俄国年轻人从世界的另一端走上了数学舞台，他的名字叫作马蒂亚塞维奇，他将为这根长长的智慧链条扣上最后一环。

[马蒂亚塞维奇从舞台的另一边上。

马蒂亚塞维奇	1965 年，那时我还在念本科，我的导师马斯洛夫教授让我去证明丢番图方程的不可判定性。他的这个建议有点疯狂。
希拉里·普特南	是的。马蒂亚塞维奇太年轻，那时他只有 18 岁。
朱丽亚·罗宾逊	他还是个孩子。但他是个天才。
马蒂亚塞维奇	我的研究进展并不顺利，在经过一段时间的徒劳无功之后，我开始阅读这些美国数学家的工作……随着毕业的时间渐渐临近，我不得不把这个艰深的问题放在一边，以便可以有时间做一些其他的工作。
马丁·戴维斯	1969 年，朱丽亚又向希尔伯特第十问题发起了一次冲击。这一次虽然还是没有成功，但她为证明她的猜想提出了一个非常巧妙的思路。
希拉里·普特南	朱丽亚的结果发表后，很快有同事把这一消息告诉了马蒂亚塞维奇。但这时的马蒂亚塞维奇早已决定不再把时间浪费在希尔伯特第十问题上了，于是没有理会这一消息。不过，事情接下来的发展变得富有戏剧性。
马蒂亚塞维奇	在数学天空的某个角落里必定存在着一位数学之神，不想让我错过朱丽亚·罗宾逊的新论文。
马丁·戴维斯	由于他此前对希尔伯特第十问题的研究，苏联的一份数学评论杂志把朱丽亚的论文寄给了他，让他加以评论。
希拉里·普特南	就这样，马蒂亚塞维奇终于还是看到了朱丽亚的论文。这一看之下，他立刻被朱丽亚的思路所吸引，重新投入到希尔伯特第十问题的研究上来。
马丁·戴维斯	在接下来的几个月时间里，马蒂亚塞维奇一直在思索罗宾逊猜想。

马蒂亚塞维奇	你知道么？斐波那契数列具有某些奇妙性质……我是否可以对此善加利用，然后在戴维斯、普特南和朱丽亚的研究成果的基础上，来完成那个重要定理的证明？这即是说，一个集合是递归可枚举的当且仅当它是丢番图的。
马丁·戴维斯	1969年在不知不觉间落下了帷幕。在跨年夜的派对上，马蒂亚塞维奇因过于出神，走的时候竟然错穿了他叔叔的衣服离去。（稍停处）他这样全神贯注的投入获得了巨大的成功。伴随1970年新年的到来，马蒂亚塞维奇成功地证明了罗宾逊猜想，从而最后解决了著名的希尔伯特第十问题。
希拉里·普特南	是那个天才！那年马蒂亚塞维奇还不满23岁，正是一位"聪明的俄国年轻人"！
马丁·戴维斯	我一生最大的快乐之一，是1970年2月读到马蒂亚塞维奇的工作！
朱丽亚·罗宾逊	恭喜你，亲爱的马蒂亚塞维奇！让我特别高兴的是，当我想到我最初提出那个猜想的时候，你还是个孩子，而我不得不等待你的长大。
马蒂亚塞维奇	我要感谢戴维斯、普特南、朱丽亚……以及在解决希尔伯特第十问题的漫长征途中做出贡献的所有前辈数学家，并向他们致以深深的敬意！这特别的致敬与感谢——应当给予朱丽亚，她无私地将她的工作备忘录邮寄给我，我得以从中得到启示，构建定理最后完整的证明……
	〔灯暗处，众人下。有旁白出。
旁　白	在20世纪六七十年代那个寒冷的政治冬天里，这些第一流的数学家用他们的杰出工作划开了冷战的冰层，让世人看到了科学的伟大人文力量。这是一种存在于科学家心中的观念，它跨越地理、种族、意识形态、性别、年龄，甚至时代而存在，过去、现在及未来的所有数学家彼此都是同事，他们献身于一个共同的目标，那便是最美丽的科学与艺术。这或许是希尔伯特第十问题留给我们最丰厚的精神遗产。
	〔随后PPT上出现如下字幕。

第五场　荣誉的采访

> 时间：1977年前后
> 地点：美国伯克利
> 人物：朱丽亚·罗宾逊，E. N. 米诺（《纽约时报》的记者）

［灯亮处，舞台上呈现是《纽约时报》记者米诺对朱丽亚·罗宾逊采访的场景。

米　诺　　　　　朱丽亚女士，您好！我是《纽约时报》的记者 E. N. 米诺。很高兴您能接受我们的采访。

朱丽亚·罗宾逊　谢谢！

米　诺　　　　　在20世纪的数学舞台上，您是为数不多的——蜚声国际的女数学家之一。尤其在去年，您被提名和当选为美国国家科学院院士。

朱丽亚·罗宾逊　嗯。我很幸运！

米　诺　　　　　这是一项了不起的荣誉！迄今为止，美国国家科学院院士中的女学者寥寥可数，而在数学方面，您更是唯一的女性。

朱丽亚·罗宾逊　好像是。

米　诺　　　　　我们还了解到，最近伯克利终于授予你全职教授的职位。

朱丽亚·罗宾逊　没错。

米　诺　　　　　那可是一个空前的决定，因为以前从来没有女性获得这样的教职。而这——只不过是随后……接踵而来的各种荣誉的开始。

朱丽亚·罗宾逊　是的。我想，我应该感谢这个时代。在数学的历史上，出现过许多优秀的女性数学家，她们大都没有机会获得这样的教职。不过，这

|||||也让我感到很是苦恼。

米　诺　　　　　　哦？这让您苦恼……为什么？

朱丽亚·罗宾逊　　各种授奖与采访的电话接连不断……而我，只不过是一名数学家，并不想被人看成开创了这个或那个纪录的第一位妇女。我宁可作为数学家被人们记得，仅仅是因为我证明过的那些定理和解决过的那些问题。

米　诺　　　　　　喔，您的数学故事富有传奇。在你的同事和朋友们提供的一份工作纪要中，我们可以看到您生活的缩影："星期一，证明定理；星期二，证明定理；星期三，证明定理；星期四，证明定理；星期五，那定理是错的。"

朱丽亚·罗宾逊　　这不足为奇……绝大多数数学家都会遇见这类数学故事。

米　诺　　　　　　多数数学家在他们的研究和教学工作之外，几乎没有其他的社会活动。相比而言，他们更愿意待在象牙塔中，与世无争。让我好奇的是，您与他们有点不一样，您会关心数学之外的社交活动，您会关心政治……

朱丽亚·罗宾逊　　哦？

米　诺　　　　　　您积极参加数学妇女学会的工作，讨论如何鼓励年轻女性进入数学领域以及如何支持女数学家的研究工作。您经常到女教师俱乐部去，强烈呼吁应当创造机会让所有人自由地迈进通向数学的道路。

朱丽亚·罗宾逊　　是的，我有责任这么做。没有任何理由可以阻止女性成为数学家。而要改变目前的状况，必须积极行动起来，帮助更多女性在大学中谋得职位。如果我们不试着改变些什么，那么永远都不会有变化。

米　诺　　　　　　您说得太好了！时代在进步，所有人都应该有权利成为数学家！

朱丽亚·罗宾逊　　是的。数学家应该是这样一个团体，不分地域、种族、信仰、性别、年龄，甚至时代，将自己的一切奉献给艺术和科学中最美丽的部分——数学。

［此处或可以有掌声。

米　诺	有如您上面提到的,在数学的历史上,出现过许多出色的女性数学家。想问问,其中对您影响最大的是哪一位?
朱丽亚·罗宾逊	对我影响最大的一位? 我想……是埃米·诺特。是的,埃米·诺特!
米　诺	哦? 这又是一位什么样的伟大女性呢?
朱丽亚·罗宾逊	在数学的历史上,埃米·诺特绝对是最重要的女数学家之一。她有着"抽象代数之母"的美誉。她的研究领域涵盖了从物理到抽象代数学。(稍停处)她的工作,如此关键而美丽。就连爱因斯坦,在给《纽约时报》的信中,亦如此称赞:"诺特女士是自大学向女性开放以来最伟大、最具有独创性的数学天才。"
米　诺	哦,是的。我想起来了,多年前,嗯……那是 1935 年,爱因斯坦曾给《纽约时报》写过一封信,信中是这么说的。
朱丽亚·罗宾逊	不单如此,在她身上还有许多感人的数学故事……记得那些年,在哥廷根的日子,身为一个女性,她无法取得该有的名份和地位,可是这并没有消减她对数学的热情。没有薪水,她仅靠少量遗产维持简朴的生活。她关于数学科学的伟大思想,通过来自世界各地的学生,薪火相传……她的故事被全世界女性所敬仰! 埃米·诺特出生在德国的一个犹太人家庭,她通往成功的道路,比别人的更加艰难曲折……

〔灯渐暗处,舞台上,两人下。随后 PPT 上出现如下字幕。

第三幕

第一场　丑小鸭的数学智慧

> 时　间：1892年夏
> 地　点：德国南部埃尔朗根郊区
> 人　物：少年时代的埃米·诺特，其他孩子三至五人（比如Ⅰ、Ⅱ、Ⅲ），保罗·戈尔丹（一位著名的数学家），以及其他群演——他们或是诺特教授的同事

[灯亮处，舞台上有一众小孩，围绕在戈尔丹教授身边听他讲故事。

埃米·诺特　戈尔丹叔叔，你再给我们出个谜题吧！

戈尔丹　好的。孩子们，那我再给你们出个谜题。（随后沉吟着说道，同步经由PPT呈现如下文字）

话说有一位名叫White的雕塑家，一位名叫Black的小提琴家，和一位名叫Red的艺术家遇见在一家咖啡馆。见面后，这三人中的一个说："我穿的衣服是黑色的，而你们俩一位穿的是红色的衣服，另一位穿的衣服是白色的；但我们中没有一位所穿衣服的颜色与他的名字是一致的。"

"你说得对极了"，White先生回答道。

戈尔丹　好了，孩子们……现在我们的谜题是，其中艺术家穿的是什么颜色的衣服？

Ⅰ　（问道）戈尔丹叔叔，你不需要告诉我们最先说话的那位先生叫什么名字吗？

戈尔丹　不。我能告诉你们的只有这些。

〔时间在此停顿10—20秒钟,那是话剧里孩子们的沉思时刻——在孩子们开始思考这个难题时,舞台上变得安静了。然后,突然小埃米喊道。

埃米·诺特　啊哈,我知道啦!这位艺术家穿的是黑色的衣服!

〔其他孩子很是惊讶地看向她。

Ⅱ　你是怎么知道的?

戈尔丹　埃米,你是对的。(他转向其他的孩子问道)你们能告诉我,为什么埃米是对的吗?(看着保持沉默的孩子们,继续问道)你们是否想知道,埃米是怎么知道这位艺术家所穿的衣服是黑色的?

Ⅰ、Ⅱ、Ⅲ　(大声道)是的!

戈尔丹　那……先让我们来听听埃米是怎么说的,好吗?

Ⅰ、Ⅱ、Ⅲ　好!

埃米·诺特　好吧。戈尔丹叔叔的谜题中说,White先生回答那位最先说话的——穿着黑颜色衣服的先生说"你说得对极了",这意味着White先生所穿的衣服不是黑色的;但我们知道他所穿的衣服不会是白色的(因为他的名字是White——白色的),所以White先生身穿的衣服必然是红色的。(稍停处)

现在我们来看Black先生,他只剩下黑白两种颜色的衣服可以选择,但Black先生不会穿黑色的衣服(因为他的名字是Black——黑色的),所以他所穿的衣服必须是白色的。这意味着,最后剩下的Red先生所穿的衣服是黑色的。因此,这个谜题的答案是,那位名叫Red的艺术家所穿衣服的颜色是黑色的!

戈尔丹　(赞赏道)妙极了。

〔随后在戈尔丹叔叔的带领下,孩子们都鼓掌为埃米喝彩。

Ⅲ　埃米,你真聪明!

Ⅰ　不玩了,不玩了,埃米太聪明了。每次都是她猜出了谜底。戈尔丹叔叔,你还是给我们讲个数学故事吧。

| 戈尔丹 | （微微笑了笑）孩子们，那咱们来讲个故事吧。（稍停后）你们都知道国际象棋吗？ |

| Ⅰ、Ⅱ、Ⅲ | 知道！ |

| 戈尔丹 | 这里有一个古老而有趣的传说，是关于国际象棋的。故事是这样子的，说的是—— |

在古印度有一个国王，他拥有至高无上的权力和难以计数的财富。某一天，一位老人带着自己发明的国际象棋来朝见。国王对这新奇的玩意非常喜欢，非常迷恋，并感到很满足。他对老人说："你发明的国际象棋给了我无穷的乐趣。为了奖赏你，你可以从我这儿得到你所要的任何东西。"这位睿智的老人向国王请求道："陛下，请您在国际象棋棋盘的第一个小格内，赏给我1粒麦子；在第二个格子内，给2粒；在第三个格子内，给4粒；照这样下去每一个格子都比前一格加一倍。陛下啊，若可以的话，您把这棋盘上所有64格上的麦粒，都赏赐给您的仆人吧！"

国王答应了老人的要求，因为他觉得这位老人的要求未免过于卑微了。计数工作开始了，国王很快发现自己的诺言无法兑现，因为他需要付出的麦粒数是一个非常庞大的数字（同步经由PPT呈现）：

$$1+2+2^2+\cdots+2^{63}=2^{64}-1=1\,844\,674\,407\,379\,551\,615。$$

这是一个长达19位的天文数字！这样多的麦粒，相当于全世界两千年的小麦产量！

| 埃米·诺特 | 戈尔丹叔叔，你真厉害，你竟然能背出这么长长的一串数字！ |

| 戈尔丹 | 孩子们，无知是不是很可怕?! 你们看，要是这位国王懂一点数学知识的话，他就不会如此鲁莽地答应那位老人看似卑微的要求…… |

［灯暗处，众人下。有旁白起。

| 旁　白 | 岁月如梭，转眼间已是1900年的冬天，18岁的诺特进入埃尔朗根大学读书。作为大学近千名学生中仅有的两位女生之一，她必须在得到任课教师许可的情况下才能以旁听生的身份进入课堂。

3年后，诺特有幸到哥廷根短期求学，她的数学之梦近在咫尺。 |

［随后PPT上出现如下字幕。

第二场　回到埃尔朗根

时间：1905年前后

地点：德国南部埃尔朗根火车站

人物：埃米·诺特，马克斯·诺特教授和他的夫人爱达

[灯亮处,呈现的是如下的情景:马克斯·诺特教授和他的夫人爱达等待在埃尔朗根火车站,后者左顾右盼,东张西望,在迎接他们的女儿埃米·诺特从哥廷根回来。

爱达　　（看似有点着急）亲爱的,这都等了一个多小时了,埃米怎么还没来到?!

马克斯　别急,别急！再等等。可能是火车晚点了。

爱达　　哎,要我说,一个女孩子家读个小学就够了。反正长大了总要嫁人的。像我这样,相夫教子,不是挺好的么?! 干嘛非要到那么远的地方去读书,去学数学！

马克斯　哈,她自个儿非要去,能有什么办法呢?! 再说——咱们的这孩子自小就喜欢数学,说不定会走出一条不寻常的路。

爱达　　埃米若是一个男孩,到再远的地方去求学读书也是自然。像你这样,以后在大学里当个教授什么的,倒是不错。可是……一个女孩子到这么远的地方读书,总是让人不放心。

马克斯　远点也就远点吧。哥廷根可是欧洲,乃至当今世界上,学习数学的一个最佳所在。（稍停后,语道）不过,如若你这么不放心她出门在外,下学期或可以让她回到埃尔朗根来读书。

爱达　　（欣然道）真的?

| 马克斯 | 真的。自下个学期起,埃尔朗根大学也允许女生注册学习啦。如果埃米愿意,她倒是可以拜在戈尔丹叔叔门下学习和研究数学! |

| 爱达 | 这可真是太好了。 |

［埃米·诺特从舞台的一边上,飞奔向前,远远地呼喊道。

| 埃米·诺特 | 妈妈! |

［爱达快步上前,母女俩相拥在一起。

| 爱达 | 埃米,我可想你了,你总算回来啦。(随后细细打量了一番)看着倒是没什么大变化,就是瘦多了。 |

| 埃米·诺特 | 才去哥廷根一个学期,能有多大变化呢?(转向马克斯·诺特,叫道)爸爸! |

| 马克斯 | 在哥廷根过得还不错吧? |

| 埃米·诺特 | 哥廷根——那可是世界数学的圣地!! 当下的哥廷根,大师云集,群星璀璨。F. 克莱因、希尔伯特、闵可夫斯基……还有新来的卡尔·龙格教授! |

| 马克斯 | 哦? |

| 埃米·诺特 | 希尔伯特教授的课总是那么有趣! 闵可夫斯基教授则独具数学诗人的风格! 最近他们一起主持了一个联合的物理学讨论班——好像是关于电动力学的,与相对论的课题有关。 |

| 马克斯 | 哦……是吗? |

| 埃米·诺特 | 在那里,我还经常参加教授们的数学散步呢……由此,我还认识了一些年轻人,赫尔曼·外尔、马克斯·玻恩,他们都非常有趣…… |

| 马克斯 | 真不错! |

| 埃米·诺特 | 爸爸,你知道吗? 在哥廷根流传着这样一个笑话,说在哥廷根有两类数学家,一类数学家做他们自己要做但不是克莱因要他们做的事,另一类数学家则做克莱因要做但不是他们自己要做的事……而克莱因教授既不属于前一类,也不属于后一类,因此克莱因不是数学家。 |

马克斯　　　　哈,克莱因不是数学家,那他是什么呀?

埃米·诺特　　他呀……是远在云端的神!

马克斯　　　　哈哈,哈哈哈……

　　　　　　　[灯渐暗处,众人下,随后PPT上出现如下字幕。

第三场　抽象与具象之间的数学对话

> 时间：1908—1916 年间
> 地点：德国埃尔朗根与哥廷根大学
> 人物：抽象与具象（或可以分别由一位女生和男生来扮演）

[灯亮处，舞台上出现数学的抽象与具象的身影，他们或可以对话形式来展现一段科学相声。

具　　象　（向舞台下拱了拱手，再鞠躬）观众朋友们好！我叫具象。具是具体的具，象是现象的象（指着旁边的这位），这位是抽象先生……

抽　　象　我是抽象，但不是先生。

具　　象　这位抽象先生最近遇见一件有点抽象的事儿。

抽　　象　不是有点抽象的事儿，而是一件有点烦心的事儿。

具　　象　最近呀，有位女士喜欢上了我们的这位抽象先生。

抽　　象　那位女士很可爱……

具　　象　这位女士呀，不爱装扮。她喜欢穿着神父般及踝的黑长袍，套着难以名状的外衣，短发上戴着一顶男用帽子……

抽　　象　她的芳名是埃米·诺特。

具　　象　话说这位诺特女士呢，原本喜欢的是具象——我。可是最近她移情别恋了。

抽　　象　说得真难听。啥叫移情别恋？人家原本喜欢的只是戈尔丹先生——那比较具象的数学！

具　象　这话不假。小时候的诺特呀,超级喜欢戈尔丹叔叔……

抽　象　嗯,诺特喜欢听他讲数学故事。

具　象　听着听着,她迷上了数学!

抽　象　这话不假。

具　象　随着她慢慢长大,终于有一天,她爱上了戈尔丹叔叔……的不变量理论。

抽　象　这个得注意,她爱上的只是戈尔丹的代数不变量理论。

具　象　是的!在那个时代,保罗·戈尔丹有着"不变量之王"的美誉。(稍停后)知道他为什么被叫作"不变量之王"吗?

抽　象　为什么?

具　象　因为他喜欢散步。

抽　象　啊?!这是他被叫作"不变量之王"的理由?

具　象　话说保罗·戈尔丹喜欢独自一人散步。当他散步时,总是心里做着长长的计算,嘴上则不停地大声嘟囔着……

抽　象　当他和别人在一起时,他也总是说个不停。

具　象　几乎所有的时间,他都在谈论那个叫作"代数不变量"的东西。谈着谈着,他的好运气来了,他解决了那个东西中的一个著名的问题。

抽　象　那个东西真不是东西。

具　象　为了纪念他,一个更一般的、当时仍未解决的最著名的不变量问题,被命名为"戈尔丹问题"……这个问题说的是,是否存在一组个数有限的不变量,能够以有理整形式的方式来表示出其他所有的不变量?

抽　象　看来那才是代数不变量理论中真的东西。

具　象　戈尔丹的重大成就是证明了一种最简单的情形——二次型时,这是对的。

抽　象　那是在40多年前。

具　象　即便是这个最简单的情形,也是不变量理论上的一个高峰。要知道,经过英国、德国、法国和意大利的众多数学家20年的努力,竟没有人能将戈

　　　　　尔丹的证明推广到比二次型更复杂的代数形式上去。

抽　象　因为他的数学论文大多是由长长的数学公式写成的。

具　象　戈尔丹先生的证明，非常具象！在这具象中，往往包含精巧的算法工具。

抽　象　那是一种构造性的证明——

具　象　有时候，他写出的文章全是公式，竟然有20多页。

抽　象　这20多页都是公式？这让人不可想象——

具　象　而埃米·诺特的数学研究工作开篇于不变量理论的研究。正是在戈尔丹的指导下，诺特于1908年在埃尔朗根获得博士学位。

抽　象　她的博士论文，沿袭戈尔丹的数学风格，是一个公式的丛林。

具　象　那是！诺特的博士论文堪称是具象数学的典范！其中用到的数学公式有330个之多！这些具体的公式具象地给出了三元双二次型不变量的完全系。

抽　象　这是一个卓越的天才，在具象数学的这一领域，她展现出卓越的数学才华。

具　象　在戈尔丹先生退休后，埃米·诺特的数学工作与恩斯特·费希尔教授走得很近很近。

抽　象　这位保罗·戈尔丹在埃尔朗根的继任者，引领年轻的埃米·诺特走向数学的抽象。

具　象　那里，有希尔伯特关于代数学的简约风格在向他们招手！还记得么？二十多年前，正是这位数学的天才人物接过来自不变量的数学挑战，解决了著名的戈尔丹问题。希尔伯特的证明方法，有别于戈尔丹具象的构造性证明，简单而纯粹！

抽　象　"只在此山中，云深不知处"……那里蕴藏"数学存在性的美"！

具　象　那里似乎藏有一点点数学抽象的力量！

抽　象　现今的埃米·诺特正漫步在这段数学的抽象之旅上，可以想象，未来的代数学因此将更加精彩！

具　象　真的吗？

抽　象　这里有一个故事可以告诉我们,数学的抽象或许比具象更有价值。

具　象　喔?说来听听。

抽　象　那我俩得先换换位置。

具　象　有这个必要吗?

　　　　[两人相互转换位置后。

抽　象　(有点夸张地清了清嗓子)话说十二世纪的青年坠入情网,你可别指望他会后退三步,凝视情人的眼睛,然后告诉她:你太美了,美得简直不像活人。

具　象　那他会怎样?

抽　象　他会说——他要到外面去看看。

具　象　啥……去外面看看?

抽　象　倘若正好碰上那么一位仁兄,并打破他的脑袋——我指的是另外那个家伙的脑袋,这就说明他——前一个人的情人是个漂亮姑娘。但要是另一个家伙打破他的头——不是他自己的,这你知道,而是另一个家伙的——另一个家伙是对第二个家伙而言的,这就是说,因为事实上另一个家伙仅仅对于他来说是另一个家伙,而不是第一个家伙——好了,如果他的头被打破,那么他的女孩——不是另一个家伙的,而是这个家伙——

具　象　嘿!嘿!呵!这位抽象的先生,你在说啥呀?

抽　象　这么具体的故事,你都听不懂?

具　象　听不懂。这舞台上下有谁听得懂?……这不是人话。

抽　象　那我给你说得抽象一点?

具　象　抽象一点。

抽　象　你瞧!这故事中有 A、B 两人;如果 A 打破了 B 的头,那么 A 的情人就是一个漂亮女孩;反之,如果 B 打破了 A 的头,那么 A 的情人就不是一个漂亮女孩,而 B 的情人才是。

具　象　你看……这说得多好。

抽　象　这下听懂了?!

具　　象　　听懂了。

抽　　象　　这就是数学抽象的价值！

具　　象　　这就是数学抽象的价值？

抽　　象　　"是的，这就是数学抽象的价值！"且听埃米·诺特的数学人生如是说！

　　　　　　〔灯暗处，两人下，有旁白出。

旁　　白　　1908年，诺特以优异的成绩从埃尔朗根大学毕业，并获得了博士学位。此后数年里，她的研究成果引起了数学大师希尔伯特和F.克莱因的注意。在他们的帮助下，1916年，34岁的诺特重返哥廷根这座充满传奇色彩的大学殿堂。可是进入新环境的她即将面对的，却是森严的教师等级制度与对女性的世俗偏见。这在以开明著称的哥廷根大学，也不例外。

　　　　　　〔随后PPT上出现如下字幕。

第四场　教授很生气

> 时间：1917—1922 年夏
> 地点：哥廷根大学一隅
> 人物：希尔伯特，F. 克莱因

〔舞台上，灯亮处，F. 克莱因在阅读书卷。希尔伯特气呼呼地从舞台的一边上。

F. 克莱因　（放下阅读的书卷，笑道）怎么啦？我们的希尔伯特教授……什么事让您如此生气？！

希尔伯特　还不是为了让诺特女士在哥廷根大学获得教职的事儿。

F. 克莱因　哦？说来听听。

希尔伯特　您知道的，两年前在我们的邀请下，诺特女士来到哥廷根大学。这两年来，她无论在数学，还是在物理学上都做出了非常出色的成绩。比如在其中的一篇论文里，诺特为爱因斯坦的广义相对论给出了一种纯数学的严格方法。

F. 克莱因　嗯，当时正是我提议她去研究相对论的。

希尔伯特　而在她的另一篇论文里，诺特女士用新颖的方法，从数学上导出物理学中的重要守恒定律，这些"诺特定律"已成为现代物理学中的重要内容。诺特女士的学术成就，已经远远超过了绝大多数的讲师。

F. 克莱因　是的。她是一位非常出色的学者。

希尔伯特　为此，在这次的哥廷根大学教授会上，我提议校方批准诺特女士成为讲师。然而这个提议竟然引起极大的争议。

F.克莱因　　极大的争议？这讲师的身份只不过是让她取得在大学教书的授课资格而已。

希尔伯特　　尽管这只是一个简单的教职,但是那些哥廷根大学哲学系的语言学家和历史学家却极力反对。荒唐的是,他们反对她成为讲师的理由仅仅是因为她是女人。

F.克莱因　　荒唐……真是荒唐!

希尔伯特　　在这些反对者里,有的教授说:"如若她成为讲师,那意味着以后就可以成为教授,还可以进入大学评议会。让女人进入大学最高学术机构,行吗?"
有的教授则说:"若我们的士兵立功回来接受学习,要拜倒在女人脚下听课。他们会同意吗?"
而有的教授甚至不需要理由,只是说:"这太不可思议了!我反对!"

F.克莱因　　看来,这些文学的教授真是顽固。

希尔伯特　　于是我直截了当地说:"先生们,我不明白为什么候选人的性别是阻止她取得讲师资格的理由。归根结底,这里毕竟是大学而不是洗澡堂。"也许正因此而激怒了这些教授,埃米·诺特的讲师职位竟然没有被批准。

F.克莱因　　迂腐……真是迂腐!

希尔伯特　　若是您当时在场就好了。要知道,您可是曾在云端的神啊!

F.克莱因　　相比如日中天的希尔伯特教授,我这位曾在云端的神已经是过去式了。如果连你也没有办法,这件事只得再等等了。

希尔伯特　　下学期我打算让她以我的名义再上一门课。哎,这也是在没有办法中寻找办法呀。

〔灯渐暗处,众人下。随后PPT上出现如下字幕。

第五场　课堂的画片

> 时间：20世纪20年代
> 地点：哥廷根大学某一间教室
> 人物：诺特和她的学生们（比如 D、E），以及其他群演

［灯亮处，舞台上呈现的是，众学生在等待着老师来上课的情景。隐约有铃声响后，埃米·诺特从舞台的一边上，来到教室的讲台前。她用手抬了抬眼镜架，往讲台下看了看，笑语道。

埃米·诺特　你们一定是走错教室了吧?!

［底下的学生们随后以一阵"用脚踏地"的声音响应，这或许是那时德国大学里每堂课开始和结束时学生代替鼓掌的习惯动作……

同学 D　诺特先生，没错！这是您的课堂！

同学 E　是的。诺特先生！我们都是慕名来听你讲课的!!

［底下传来的……还有那些同学的应和声。

埃米·诺特　（笑道）真高兴啊！

［用手抬了抬高度数的眼镜，接着道。

埃米·诺特　同学们，谢谢你们！谢谢！（很是感动地）说真的，我没想到在我的有生之年，竟然会有这么多人来听我的课。
今日的数学课堂，实在是大大出乎我的意料。
我很高兴，也很幸运，能够有这么多出色的你们作为我的学生！嗯……想当初，希尔伯特教授初到哥廷根时，听他课的学生也就同学三四一十二人（稍停后，无限缅怀地）

这也让我想起一位伟大的女性。她拥有惊人的数学天才,可是她的求学路却是举步维艰。尽管在她很年轻时,即在数学和物理学的相关领域上做出了出色的贡献,却依然无法在欧洲的大学获得教职。让人如此羡慕的是,没有经过答辩她就可以获得哥廷根大学的博士学位!

她是一位如此优雅的女性,有着绝世的容颜;她被许多人称为"数学公主"!这位传奇的女性——正是索菲娅·科瓦列夫斯卡娅,她的数学故事是如此富有传奇色彩……

[灯暗处,众人下。随后PPT上出现如下字幕。

第四幕

第一场　大学河畔

> 时间：1870年前后
> 地点：海德堡大学
> 人物：索菲娅·科瓦列夫斯卡娅，尤里娅（索菲娅的表姐）

［灯亮处，舞台上呈现的是在海德堡大学河畔，索菲娅和尤里娅两人在并肩散步的情景。

尤里娅　　索菲娅，幸好有你的帮助，不然我绝不可能在海德堡大学读书。

索菲娅　　那还要感谢你开明的父母，能支持你到国外接受教育。想想你可怜的冉娜表姐，以性命威胁她父亲，最后冒险越境才逃出俄国，结果牵累这么多人。……希望她现在莱比锡一切顺利吧。

尤里娅　　安纽塔来信了吗？

索菲娅　　嗯。她说在巴黎过得很好，读书、写作。正计划投身于轰轰烈烈的法国革命。

尤里娅　　安纽塔就是这样，社会浪潮在哪里，她就在哪里。

索菲娅　　嗯。不过这事儿可不能让我的父亲知道。（止步，望着逝去的河水）从小家人们说我就是安纽塔的影子，现在她去了法国，我才发现我们俩是那么的不同。对我来说，在德国或者瑞士某个被遗忘的角落，在书堆和书斋里过着一种平静、朴素的生活，再加上我的弗拉基米尔·科瓦列夫斯基，这就是最幸福的生活模式。

尤里娅　　你的科瓦列夫斯基？索菲娅，别忘了你们可只是假夫妻！而且，我看科瓦列夫斯基根本没把你放在心上，不然他怎么会抛下你一人，自个儿跑到欧洲各地去……去进行什么地质考察？不过话说回来，他的假结婚任务也完成了，是该隐退了。

索菲娅　　可别这么说。弗拉基米尔离开我是为了他的事业。想想他当初为了我的数学研究而放弃留在维也纳，陪我来到海德堡……（稍停后）我当然也要支持他在学术上的努力。

尤里娅　　（戏谑地道）索菲娅，你不会真把他当恋人了吧？

索菲娅　　其实他挺好的。再说，不日我会去柏林……想到那里追随魏尔斯特拉斯教授学习数学！

尤里娅　　到柏林？……去跟魏尔斯特拉斯教授学习数学？

索菲娅　　是的。

尤里娅　　海德堡大学的柯尼斯贝格教授不是挺好的嘛。多风趣幽默的一个人啊！

索菲娅　　那是！柯尼斯贝格教授的讲课精辟生动，我最喜欢他这学期的新课程"椭圆函数论"呢。

尤里娅　　那你干嘛还要去柏林跟魏尔斯特拉斯教授学习数学？

索菲娅　　你可不知道。在我们"椭圆函数论"的课上，柯尼斯贝格教授总是谈及和颂扬他的老师呢，魏尔斯特拉斯教授——那可是现代分析学——特别是椭圆函数论的大师呀！

尤里娅　　喔。

［索菲娅停住了脚步，开始模仿课堂老师和同学的聊天。

索菲娅　　（模仿柯尼斯贝格教授的模样和口吻）如前所说，这个定理解决了一个椭圆函数中长期未解的问题——超椭圆积分的反演问题，这一伟大的定理从属于魏尔斯特拉斯先生！
（再模仿同学 A 的语气）哈，教授！你能不能不要每一堂课都要提到这个伟大的名字！魏尔斯特拉斯，这个名字都让我们听得"想吐啦"。

柯尼斯贝格　　（索菲娅转身，又模仿柯尼斯贝格道）喔，是吗？
（然后模仿同学 A）哈哈，不过我喜欢！魏尔斯特拉斯先生的故事总是那么的励志。

　　　　　　（又模仿同学B）呵，是的！教授！

尤里娅　　魏尔斯特拉斯教授真的……那么富有传奇？

索菲娅　　那是。话说魏尔斯特拉斯在中学时代成绩优秀，不过不知怎的……在大学时期却学业荒废，不学无术……毕业后竟然都没拿到学位，不得已去了一所偏僻的乡村中学教书。

尤里娅　　他去了……偏僻的乡村中学教书？

索菲娅　　嗯。在那里他不光是教数学，还教物理、德文、地理，甚至体育和书法课……

尤里娅　　啊，有这么多门课……

索菲娅　　然而正是在这段漫长的中学教师生涯里，他以惊人的毅力——白天教课，晚上则攻读和研究阿贝尔等数学大师的著作，并撰写论文……15年的等待后，他终于一举成名，成为柏林大学的教授，成为蜚声世界的数学家……

尤里娅　　（喃喃道）15年……那可是真的有点漫长。

索菲娅　　听说魏尔斯特拉斯教授不单是一位伟大的数学家，还是一位出色的教育家，许多人慕名而来，拜他为师。现在的他，可谓是桃李满天下，我们的柯尼斯贝格教授就是他最早的学生之一……

　　　　　［灯暗处，飘荡着尤里娅的声音。

尤里娅　　索菲娅，我百分之一百，哦不，是百分之两百地支持……支持你去柏林大学，追随魏尔斯特拉斯先生学习数学！

　　　　　［两人下。随后PPT上出现如下字幕。

第二场　大师与学生

> 时间：1870年后的某一天
> 地点：柏林大学
> 人物：卡尔·魏尔斯特拉斯，索菲娅·科瓦列夫斯卡娅

［灯亮处，魏尔斯特拉斯教授在忘我地工作着，探寻数学的真知……舞台的一边，索菲娅上。敲门声多次响起后，打破了魏尔斯特拉斯的数学思考。

魏尔斯特拉斯　（喃喃自语）哦？是有人在敲门吗？（声音加大）请进！

［索菲娅小心翼翼地推门而入，或许为了掩饰她的惊慌，她戴了一顶松软的大帽子。

索菲娅　您好！教授先生！

魏尔斯特拉斯　您好！请问您是……？

索菲娅　我叫索菲娅，索菲娅·科瓦列夫斯卡娅。

魏尔斯特拉斯　索菲娅小姐？请问，您找我有事吗？

索菲娅　是的，教授先生！我……我慕名而来，想追随您研究最前沿的分析数学！

魏尔斯特拉斯　（很是惊讶地）追随我？……哦，您要跟随我研究数学？

索菲娅　（语气肯定地）是的，教授！之前我已在海德堡大学旁听了1年多的数学！

魏尔斯特拉斯　曾在海德堡大学旁听数学……那你一定知道杜·依波斯·雷蒙和柯尼斯伯格吧？

索菲娅	是的,教授先生。我知道他们都是您的学生!在海德堡大学——我主要听过柯尼斯贝格和杜·依波斯·雷蒙两位教授的数学课,也曾跟随物理学家亥姆霍兹和基尔霍夫学习物理学。
魏尔斯特拉斯	哦?
索菲娅	特别是……在那里,我最喜欢柯尼斯贝格教授的数学课,他总是在他的课上提到您——他说您可是当今分析学的大师,您的故事传奇可真让人神往呢。柯尼斯贝格教授他特别支持我来您这里学习研究数学!
魏尔斯特拉斯	哈,这个柯尼斯贝格……他总是这样,给我制造点烦心事。
索菲娅	教授!我想拜您为师!您收下我吧!
魏尔斯特拉斯	(犹豫着)可是,尊敬的小姐,您是位女性。
索菲娅	教授先生!请您收下我这个学生吧!我千里迢迢,多番周折——从俄国来到德国,来到柏林,只为了踏足数学奇妙的殿堂……
魏尔斯特拉斯	(有点惊讶)您来自俄国?
索菲娅	是的。沙皇专制下的俄国,大学校门关闭,不准女性入学甚至旁听。我不远千里,来到这里,只为了追寻科学的真知。
魏尔斯特拉斯	可是,您是一位女性。要知道,即便是在柏林大学,也没有女性入学的先例……
索菲娅	那您就为我破个例,可以吗?
魏尔斯特拉斯	可是……还有,您的数学基础……?
索菲娅	(语气快速地)那个……自小我的数学天赋不错。在来德国之前,我就随斯特朗诺柳布斯基教授学习过解析几何和微积分,还有非欧几何呢!教授,您就收下我这个学生吧!
	[魏尔斯特拉斯的思绪仿佛回到多年前他的老师古德曼的慧眼识才的情景。在索菲娅的一再请求下,魏尔斯特拉斯看似有所妥协,他犹豫着。
	[或可以在此融入一段哑剧,来展现多年前他的老师古德曼慧眼识才

的情景。

魏尔斯特拉斯　（仿佛一刹那,他沉吟着拿出一张带有数学问题的纸)好吧,尊敬的小姐,我这里——有一些有关分析学的问题,您把这些题目带回去做做看……如果您能解出这些题目,请再来这里找我。

〔灯暗处,旁白起。

旁　　白　　不到一个星期后,索菲娅·科瓦列夫斯卡娅真的拿着答案回到了这里的办公室。

〔灯亮处,魏尔斯特拉斯和蔼地起身,指着旁边的椅子道。

魏尔斯特拉斯　请坐!稍等片刻,让我先来看一下你的解答。

索菲娅　　（递给他手中的试卷)好的,教授!请您过目。

〔教授在桌旁坐下,打开那看似沉甸甸的书卷,仔细地审阅着索菲娅的解答。她像一个小学生般地等待着老师的裁决,时而偷偷看一下陷入沉思的教授。

〔只见他一会儿露出惊奇之色,一会儿微微地点着头,再换变为欣喜的微笑。最后魏尔斯特拉斯抬头望着索菲娅。

魏尔斯特拉斯　（欣然道)亲爱的索菲娅,你的解答十分正确,且富有创造性……这表明你有出色的数学功底,你很有数学天赋!喔,这样吧,关于你是否可以破例进入柏林大学读书的事,我会亲自去请示校方,请你静候佳音!

索菲娅　　谢谢您!教授先生。

〔灯暗处,舞台上,众人下,随后PPT屏幕上出现如下字幕。

第三场　柏林的星空

> 时间：1870 年后的某一天
> 地点：柏林大学校园一隅
> 人物：索菲娅·科瓦列夫斯卡娅，尤里娅

〔许多天后，柏林大学的校园一隅，尤里娅坐在一长椅上，等待着……随后她看到索菲娅出现在校园的那一边，于是迎上前去。

尤里娅　索菲娅，怎么样？有消息了么？你可以进入柏林大学读书了么？

〔索菲娅有点落寞地摇了摇头。

尤里娅　难道说……即便是魏尔斯特拉斯教授的强力推荐，也无法让柏林大学破例让你听他的数学课？

索菲娅　嗯。

尤里娅　想不到堂堂的著名学府柏林大学也迂腐如斯！算了，大不了我们再回到海德堡……回到那浪漫而开明的海德堡大学。（窥得索菲娅看似捉弄她的神情）索菲娅，你这小妮子，你竟然敢骗我！

索菲娅　亲爱的尤里娅，这里有一个好消息和一个坏消息要告诉你，不知你想先听哪一个？

尤里娅　好消息？我猜……你被允许听魏尔斯特拉斯教授的数学课啦。

索菲娅　你错了……我还是不被允许去旁听教授的数学课。

尤里娅　（有些黯然）怎么？原来这好消息还是一个坏消息。

索菲娅　不过这坏消息却也是一个好消息……

尤里娅　索菲娅,你可把我弄糊涂了。这消息到底是好消息还是坏消息?

索菲娅　(笑了笑)这坏消息是……尽管魏尔斯特拉斯教授请求柏林大学的评议会允许我旁听他的数学课,但遗憾的是,由于某些原因或者惯例,他的这一请求被粗暴地拒绝了。

尤里娅　那么,这好消息呢?

索菲娅　这好消息嘛……是魏尔斯特拉斯教授终于同意我成为他的学生啦!他说他乐意利用业余时间免费为我授课!他说我可以在每个星期天下午去他那里学习数学!

尤里娅　真的吗?索菲娅,那真……真是太好了!

［两人在继续聊天中走向校园的最深处。

［灯暗处,两人下。有旁白出。

旁　白　数学传奇之旅中……这场富有传奇色彩的数学授课从1870年秋开始,历时四年之久。在魏尔斯特拉斯教授——四年如一日细致耐心的教导下,索菲娅·科瓦列夫斯卡娅学完了大学的所有数学课程,并写出了三篇出色的数学论文。1874年,她以关于偏微分方程的著名论文在哥廷根大学获得哲学博士学位。

［随后PPT屏幕上出现如下字幕。

第四场 鸿雁传书十数载

> 时间：1874 年—1890 年
> 地点：欧洲
> 人物：索菲娅·科瓦列夫斯卡娅，魏尔斯特拉斯，米他格·莱夫勒

［灯亮处，舞台的一侧出现索菲娅以及魏尔斯特拉斯的身影。

索菲娅　亲爱的魏尔斯特拉斯教授，我已回到俄国，回到帕里宾诺庄园。在我的家乡，家人们为我们举行了盛大而隆重的欢迎和庆祝活动！原本清静的帕里宾诺庄园，今日宾客满堂，热闹非常，除了鲜花和掌声，我们还有晚宴、话剧演出与家庭舞会！

魏尔斯特拉斯　离家多年，回家的感觉真好，是吧?！为你高兴！为你喝彩！

索菲娅　请听！来宾们在为我喝彩！
"让我们为索菲娅被授予哲学博士学位而欢呼喝彩！祝贺她！因为俄国妇女第一次在一门最艰深的科学领域中获得了最高的学位。"

魏尔斯特拉斯　是的，孩子，你是我们的骄傲！

索菲娅　（隔空仰望着魏尔斯特拉斯）可我知道，这荣誉的一大半，当归功于您！感谢您，亲爱的教授！谢谢您慈父般四年如一日，细致耐心的数学指导，还有您强有力的推荐，使得我——这样一位女性，终于有幸获得哥廷根大学的哲学博士学位。这是一个莫大的荣耀！（声音略小）谢谢您！

魏尔斯特拉斯　我很欣慰，因为有你这样一位最出色的学生！

索菲娅	接下来,我想在俄国大学找到一个教职,或者进入彼得堡的科学界。我希望为我们国家的数学科学事业做点事,贡献一己之力!
魏尔斯特拉斯	孩子,祝你好运!

〔画片略微延缓后,再回到索菲娅·科瓦列夫斯卡娅这一侧。

索菲娅	亲爱的教授,有点遗憾地告诉您说,我在彼得堡没有找到教职。沙皇统治下的俄国政府,仍然像以前一样黑暗,妇女的地位没有丝毫改善。他们说,妇女只允许在女子学校教低年级的算术课。
魏尔斯特拉斯	真遗憾!对于女性来说,这是一个充满悲剧的时代!
索菲娅	真怀念在海德堡和柏林的日子——相比现在在彼得堡无所事事,那时的岁月无疑是置身于一座伊甸园。这段时间里,我想到去经商,想暂时离开我所喜爱的数学,等以后有钱了再从事科学研究……

〔画片和灯光有所延缓后,再回到魏尔斯特拉斯那一侧。

魏尔斯特拉斯	哎,有多久……没有收到索菲娅的来信了?距离她上一回的来信,有三年多了吧?!这三年多来,一直没有她的消息。这孩子,她到底……在忙些什么呢?

〔米他格·莱夫勒从舞台的一边上,来到舞台中央。

米他格·莱夫勒	(对着舞台下的观众道)前不久,我曾到访彼得堡。听说索菲娅·科瓦列夫斯卡娅在这里经商,便去拜访她。
魏尔斯特拉斯	经商?创业?以她在数学上的智慧,或许真的可以玩得风生水起?!
米他格·莱夫勒	曾有一段时间,我们同时接受魏尔斯特拉斯先生的指导。有趣的是,我们并没有见过面。不过,我听老师许多次称赞过她。我觉得,像她这样的数学高才生弃学经商,实在太可惜了。
魏尔斯特拉斯	是的。以她这样的数学智慧……弃学经商,太可惜了。
米他格·莱夫勒	在彼得堡,我发现比任何其他事情更有趣的——是结识了科瓦列夫斯卡娅!(稍停处)作为一位女性,她是迷人的。当她说话时,她是美丽的……作为一个学者,她有着智慧的,把握问题非同寻常地清晰和精确。我完全理解为什么魏尔斯特拉斯先生会认为

	她是自己最有才华的学生。
魏尔斯特拉斯	听切比雪夫教授说,她已经放弃数学了,我希望这只是个谣言。
米他格·莱夫勒	她在彼得堡过得并不如意,她和她的丈夫因为经商濒临破产,花光了父母留给他们的钱。我希望……她可以重回数学研究的家园。若她愿意的话,我将帮她在欧洲寻找一个大学的教职!

〔画片有所延缓后,舞台灯光再回到索菲娅·科瓦列夫斯卡娅这一侧。〕

索菲娅	对不起,亲爱的教授!记不清有多久没有给您写信了。多年前,我和弗拉基米尔被迫选择经商。最初时还算顺利,可是过后不久,因为不善经营——我们便债台高筑,濒临破产。之后我当过记者,也试着写了些文学作品……现在的我,像一只迷途的羔羊,不知该往何处去。
魏尔斯特拉斯	回到数学上来吧!孩子,这里才是你的归途!
索菲娅	是的,我想我不能再错下去了,不能再蹉跎岁月了。因为您的鼓励,我急切地希望能尽快回到数学研究上来。
魏尔斯特拉斯	来吧,孩子。你可以找个时间,先来柏林待上一些日子,我们一道来聊聊当前的数学进展!
米他格·莱夫勒	回来吧,索菲娅,欧洲的数学界欢迎你!
索菲娅	(沉思,独白)于是我再回到了久别的柏林……在那里待了一个多月。魏尔斯特拉斯教授还是一如既往地热情,他建议我研究一个应用数学问题——"光线在晶体中的折射问题"。
米他格·莱夫勒	这是当时科学界普遍关心而尚未解决的一个重要研究问题。
魏尔斯特拉斯	是的。我希望这项研究可以让索菲娅了解和熟悉这两年科学研究的成果和动态,以便衔接其他热门的研究课题。
索菲娅	我带着这一研究课题回到俄国。我与老师的联系又变得频繁起来。除数学研究外,其他一切都是浮云。
米他格·莱夫勒	那年索菲娅的一篇论文在彼得堡召开的俄国第六届自然科学家

	大会上被宣读,她的演讲受到了与会者的热烈欢迎!
索菲娅	1881年年底,我辗转来到巴黎。在这一科学之都,起初是孤独的,后来因为米他格·莱夫勒的引荐,我得以与一些著名的数学家相识,其中有厄尔米特、庞加莱、皮卡、达布,还有其他一些人。
	[画片有所延缓后,灯光再回到魏尔斯特拉斯那一侧。
魏尔斯特拉斯	孩子,我很高兴地听米他格·莱夫勒说,他已在瑞典斯德哥尔摩大学为你寻找到一个教职。
米他格·莱夫勒	索菲娅女士,终于不负使命。很高兴在此通知您,斯德哥尔摩大学已同意您来数学系任职,担任数学系的讲师。试用一年后,其职务将另行讨论任命。
索菲娅	真高兴啊!如今我是欧洲具有大学教职的唯一一位妇女。我无法表达,对于您一贯给予我的友谊,我是多么地感激您。对于能进入大学的教学生涯,我是多么幸福。同时,我有许多惶恐,不知自己是否可以胜任"讲师"这样的一个职位?!
米他格·莱夫勒	1883年11月的某一天,瑞典的一家进步报刊《民主报》这样报道:"今天,我们不是来报告一位庸俗王子的抵达,而是'科学公主'科瓦列夫斯卡娅光临我们的城市,她将是全瑞典的第一位女讲师。"
索菲娅	1884年1月30日,我在斯德哥尔摩大学的第一堂课很受欢迎!我用德语讲授微积分,整个教室坐满了人。除了选课的12名学生外,还来了许多人——其他的学生、教授、大学官员和一些市民,在我的讲课结束时刻,我听到了雷鸣般的掌声。
米他格·莱夫勒	是的!您的第一堂课非常成功!校长阿尔伯特·林德哈根先生十分满意。他说:"您将会是一位好老师。"
索菲娅	1884年7月,斯德哥尔摩大学正式任命我为副教授,任期五年。那年暑假,我来到柏林,拜见了魏尔斯特拉斯教授。
米他格·莱夫勒	这一次,柏林科学院举行年会,破例邀请她出席。这一年冬天,索菲娅被允许在德国的任何大学听课。这一时期,欧洲的许多报刊都来采访她的传奇故事。随后她的论文《论光在晶体中的传播》

	发表在法国科学院院报上。
魏尔斯特拉斯	孩子,像鹰一样,飞得再高一些吧!别理睬麻雀那叽叽喳喳的议论。
	[画片有所延缓后,舞台灯光再回到索菲娅·科瓦列夫斯卡娅这一侧。
索菲娅	亲爱的教授,最近我在关注一个数学问题——刚体绕定点旋转问题,我被这个问题迷住了。据说它有着一百多年的历史了。
魏尔斯特拉斯	是的。这个问题最早是欧拉在1750年提出的。这位数学大师建立了描述刚体运动的数学方程——这就是著名的欧拉方程,并解决了一类特殊的情形,即定点与陀螺重心相重合的情形。
米他格·莱夫勒	三十多年后,拉格朗日解决了另一种特殊的情形,并将研究问题推进一步。自那以后,这个数学难题的研究一直停滞不前,没有任何新的重要进展。
索菲娅	在长达百年的岁月中,它吸引着如此多的数学家来研究,来思考它。由此它拥有一个迷人的名字——"数学水妖",就像德国民间传说中莱茵河上的罗蕾莱(Lorelei)女妖,她用美妙的歌声引诱船夫触礁沉船……
魏尔斯特拉斯	若你成功地解决了这个问题,你将进入最杰出的数学家行列!索菲娅,加油!或许可以试试你所擅长的阿贝尔函数理论,它会是一把神奇的数学钥匙!
	[画片和灯光有所延缓后,再回到科瓦列夫斯卡娅这一侧。
索菲娅	(很是欣喜地)亲爱的教授,从最伟大的数学家那里溜出去的"数学水妖"问题被抓住了。借助你以前传授给我的阿贝尔函数论的方法和思想,我想我已经解决了这个数学难题。
魏尔斯特拉斯	恭喜你,索菲娅!你的成功使得我本人和我的妹妹,以及你在此的所有朋友惊喜非常!这是我一生中最大的快乐。它向欧洲的数学界宣告,我最得意的学生,绝不是一位轻浮的吹牛家……
	[灯暗处,舞台上,众人下。随后PPT上出现如下字幕。

第五场　最高的赞誉

> 时间：1888年圣诞前后
> 地点：19世纪的科学之都——巴黎
> 人物：索菲娅·科瓦列夫斯卡娅，皮埃尔·让森（当时的法兰西科学院院长），诸多科学家与听众

〔灯亮处，舞台上出现法兰西科学院院长皮埃尔·让森的身影。这一届鲍汀奖颁奖典礼首先由他来致颁奖词。

皮埃尔·让森　说自己知道的话，干自己应干的事，做自己想做的人。

女士们，先生们！朋友们！今天我们在此欢聚一堂，给这一届鲍汀奖的获得者颁奖！

当今科学界最辉煌、最难得的荣誉桂冠，有一顶将落到一位妇女的头上。她的工作不仅证明她拥有广博深刻的科学知识，而且显示了她拥有巨大的创造才智。（稍停处）

众所周知，"刚体绕定点运动问题"，这是一个有着百年历史的经典问题。而在今年的鲍汀奖数学科学论文竞赛中，索菲娅·科瓦列夫斯卡娅女士的论文在欧拉、拉格朗日和雅可比等人研究成果的基础上，打破了科学界一个多世纪在这个问题上的僵持局面，开辟了近代力学中应用数学分析方法的新方向……（稍停处）

我相信，在不久的将来，索菲娅女士将获得欧洲，乃至全世界的科学家们的敬仰！其中不仅包含着对她在科学上的巨大成就的敬仰，更包含着对她顽强不屈、勇于献身科学的高贵精神的尊敬！

下面有请索菲娅女士上台领奖和讲话。

〔在众人雷鸣般的掌声里，索菲娅·科瓦列夫斯卡娅走上讲台，双手

　　　　　　　　接过院长皮埃尔·让森手中的奖杯。随后在皮埃尔的示意下，她微微地向舞台下鞠了鞠躬，开始说道。

索菲娅　　　谢谢！谢谢皮埃尔·让森院长的介绍！谢谢法兰西科学院将这一届的鲍汀奖授予我！这是一个莫大的荣誉！这个荣誉的获得要感谢许多人，欧洲科学界的许多同仁、朋友们——比如米塔格·莱夫勒，特别是我的导师魏尔斯特拉斯教授！感谢他这么多年以来给予我无私的帮助……（带有缅怀之情地，稍停后说道）

　　　　　　　　"刚体绕定点旋转"问题，这是一个迷人的问题。我有幸在前辈数学大师欧拉、拉格朗日和雅可比等人研究成果的基础上，解决了这个问题比较普遍的情形……（稍停处）

索菲娅　　　相比另一位伟大的女性，我想我是幸运的。是的，我很幸运！可以在斯德哥尔摩大学拥有教职。而我想到的这位伟大的女性，她曾在数学科学上有着如此杰出的贡献——甚至连高斯都乐意向哥廷根大学举荐授予她名誉博士学位。可是，她一生却没有得到任何学位和职务，她的死亡证明书上这样记录她的身份："无职业未婚妇女"。

　　　　　　　　多年前，这位伟大的女性也曾获得过法兰西科学院的大奖！她是苏菲·热尔曼！她是法兰西的科学传奇！

　　　　　　　〔灯暗处，舞台上，众人下。随后 PPT 上出现如下字幕。

第五幕

第一场　数学的邂逅

> 时间：1789年前后的某一天
> 地点：巴黎
> 人物：苏菲·热尔曼，安布罗斯·弗朗索瓦·热尔曼

［灯亮处，舞台上呈现的情景是，苏菲·热尔曼正在全神贯注地阅读着一卷书……那是数学家、历史学家蒙图克拉(J. E. Montucla)的《数学的历史》，她读到数学之神阿基米德最后的故事。

苏菲·热尔曼　（大声朗读道）话说阿基米德生活在叙拉古，这是西西里岛的一个重要城邦。他在相对平静的环境中研究数学，但是在他75岁那年，和平被罗马军队的入侵所破坏。一个罗马士兵走近阿基米德，向他问话。

［与此同时，舞台的另一边，或可以剧中剧的方式来演绎阿基米德被罗马士兵杀害的故事。

［经由PPT同步呈现如下文字：
公元前212年，古罗马军队入侵叙拉古，阿基米德被罗马士兵杀死，终年75岁。他的遗体葬在西西里岛，墓碑上刻着一个圆柱内切球的图形，以纪念他在几何学上的卓越贡献。

（继续道）此时的阿基米德正全神贯注地研究沙盘上的一个几何图形，以至于没顾上回答问题，他甚至埋怨这位罗马士兵妨碍了他的数学研究！

当罗马士兵把寒光闪闪的利剑碰到阿基米德鼻尖时，这位最伟大的科学家才从数学的迷梦中惊醒，明白发生了什么事情。阿基米德毫无惧色，用手推开了剑，十分平静地说道："等一下，让我把这条几何

定理证完。"(这句话可由故事里的阿基米德说出)

不过残暴的罗马士兵还是不由分说,一剑砍死了这位伟大的科学家。

［读到这里,热尔曼难过得掉下了眼泪。

苏菲·热尔曼　(喃喃道)啊,数学！这是怎么样的一门学科呵……居然能使人痴迷到忘记生死的程度。啊,数学,它必定是世界上最迷人的学科！(稍停后,喃喃自语)可是它为何会有如此大的魔力呢？亲爱的阿基米德,你能告诉我吗？

［舞台的一边,她的父亲安布罗斯·弗朗索瓦·热尔曼上。看到热泪盈眶的女儿,他轻声问道。

安布罗斯　喔,我的孩子,你怎么哭了！遇到什么伤心事了吗？

苏菲·热尔曼　(抬起头)爸爸,我能做任何我想做的事吗？

安布罗斯　当然,你是全巴黎最美的小公主,也会是世界上最耀眼的明星,只要你愿意,爸爸都会帮你实现的！

苏菲·热尔曼　(很坚定地)那我要学数学！(紧紧地握了握手)我要当一名数学家！

安布罗斯　(很是惊讶地)喔？你要当一名数学家？

苏菲·热尔曼　嗯！将来我也要成为像阿基米德一样伟大的数学家！

安布罗斯　好的,苏菲。我的孩子,爸爸支持你！(他合上苏菲·热尔曼手中的书,瞥了一下书扉页,轻轻念道)《数学的历史》(*History of Mathematics*)……蒙图克拉编著。

［舞台上,灯暗处,两人下。有旁白起。

旁　白　书卷是一艘艘七彩的小船,它赋予那些幼稚的心灵以智慧与启迪,带领她们驶向无限广阔的知识的海洋。因为数学——苏菲自学了拉丁语、希腊语,并开始阅读牛顿、欧拉等数学大师的著作。是啊,数学到底有什么魔力能使一个人忘记生命危险呢？出于对数学魅力的好奇,热尔曼从此迈入了智慧而神奇的数学王国。

［随后PPT上出现如下字幕。

第二场　大师到访

> 时间：1795 年前后的某一天
> 地点：苏菲·热尔曼的家
> 人物：苏菲·热尔曼，安布罗斯·弗朗索瓦·热尔曼和玛丽（苏菲的父母），约瑟夫·拉格朗日

[灯亮处，舞台的中央，安布罗斯倚在一把椅子上阅读，玛丽和他聊天。

玛　丽　　哎，我说亲爱的，这些天……苏菲神神叨叨地，你知道她在忙些什么吗？

安布罗斯　苏菲……她还能忙什么？不就是着迷于她所喜爱的数学吗？！

玛　丽　　哦？一个女孩子家，净学这些没用的东西。依我看，还不如像马丽-马德兰那样学点舞蹈，或者像安热莉克·安布鲁瓦这样多学点音乐，将来成为上流社会的淑女，再嫁个好丈夫才是正事！

安布罗斯　（放下手中的书）你又不是不知道，我们的这个孩子呀，最是特别！她自小就喜爱数学。（稍停后，续道）虽说我并不希望女儿成为一个数学家，但是我能理解女儿的选择，我想我们还是努力去支持，而不是去反对她的这一爱好。

玛　丽　　那倒是，以前又不是没反对过！这些天来听到她总是念叨分析学以及拉格朗日什么的，这拉格朗日又是什么东西？

安布罗斯　拉格朗日？（沉思着，忽然恍然大悟）哈，哈哈，这拉格朗日真不是什么东西，而是一个人。这位拉格朗日先生啊，是一位大名鼎鼎的数学家，他可是巴黎综合理工学院的大牌教授呢！

玛　丽　　（哑然失笑）啊，原来是这样。

［当此时刻，拉格朗日从舞台的另一边上。随着他的敲门声响起。

安布罗斯　　　有人在敲门？

玛　　丽　　　嗯，好像是的。

［她走上前去，打开了门。

拉格朗日　　　请问这是勒布朗先生的家吗？

玛　　丽　　　勒布朗先生？哦，很抱歉，先生，恐怕这里并没有什么"勒布朗先生"。

拉格朗日　　　哦，不，那这里——是苏菲·热尔曼小姐的家吗？

玛　　丽　　　是的。请问——不知您是……？

拉格朗日　　　拉格朗日，我是约瑟夫·拉格朗日！

玛　　丽　　　拉……拉格朗日？（惊讶道）您是巴黎综合理工学院的拉格朗日教授!？

安布罗斯　　　（放下手中的书，起身道）原来是大名鼎鼎的拉格朗日教授大驾光临！真是稀客呀！（走上前，道）我是苏菲的父亲，安布罗斯·弗朗索瓦！

［两人握手。

拉格朗日　　　您好！安布罗斯先生。

安布罗斯　　　欢迎您的到来，拉格朗日教授！您请坐。

［随后两人坐下。

玛　　丽　　　苏菲，苏菲！拉格朗日教授来了。

［从舞台上下，或是去准备一些茶点。

苏菲·热尔曼　　（惊喜的声音从不远处传来）来了！

［苏菲从舞台的另一边上，来到拉格朗日面前鞠躬道。

苏菲·热尔曼　　教授先生！真是想不到，您会来我家。

拉格朗日　　　（微笑着朝苏菲点了点头，面向安布罗斯道）安布罗斯先生，这次冒昧到访，主要是源于对苏菲·热尔曼小姐家境的好奇！什么样的家境竟然走出这样的一个数学奇女子？这可是我这个学期里一直在思考着的最大的谜题哈!

安布罗斯　　　(笑道)喔?教授您谬赞啦!

拉格朗日　　　这故事啊,还得从一位名叫勒布朗的先生说起。(稍停后)话说那位勒布朗先生上学期还如同榆木疙瘩一样,不能理解我课上的教学内容,哪怕是最简单最基本的概念,他也不求甚解。可是自这学期以来,他每次的数学作业竟然都闪耀着智慧的火花。

安布罗斯　　　(好奇地)哦?!他在不经意间开窍了?

拉格朗日　　　让我更是好奇的是,即便是我的《分析学讲义》书后的那几道难题,他的答案也是极其优美且富有创造力!奇怪的是,这位勒布朗先生——他这学期以来从没来上过课,只是让人来领取课堂笔记和作业。

安布罗斯　　　嗯呀。这确实是……让人好奇。

〔玛丽再次回到舞台,给拉格朗日端上茶点后,也在一边坐下。

拉格朗日　　　谢谢!(喝了口茶,续道)对此我百思不得其解。曾有一度我还天真地以为这是我的同事——数学家拉普拉斯教授在和我开善意的玩笑……哈哈,直到我约见勒布朗先生后,才无比惊奇地知道,这位勒布朗先生原来……竟然是苏菲·热尔曼小姐!

〔安布罗斯和玛丽相视而笑。

玛　丽　　　　这孩子,净给人添麻烦。

苏菲·热尔曼　亲爱的拉格朗日教授!请您再一次原谅我不诚实的行为,我只是想跟您学习数学。

拉格朗日　　　没关系!苏菲。我理解你的行为,因为和欧洲所有其他的大学一样,巴黎综合理工学院也不接收女生!遇见你是我这一生中最大的惊喜!(稍停后,转向安布罗斯道)安布罗斯先生,您的女儿在数学上具有极大的天赋……假以时日,她会成为欧洲,乃至世界最出色的数学家之一。

安布罗斯　　　谢谢您,拉格朗日教授!谢谢您如此欣赏她!嗯……在很小的时候,苏菲这孩子就迷恋上了数学。她说长大后要当一位数学家！说实在的，当初我们（看了一眼玛丽，接着道）她的妈妈和我都是反对的……因为一个女孩子想在数学的殿堂中立足，实在是有点异想天开！

玛　丽　　　　是的，最初我们都是反对的。

拉格朗日　　　哦？

安布罗斯　　　不过有一件事让我们改变了原来的想法。那时苏菲自学了拉丁语、希腊语，开始阅读牛顿、欧拉等数学大师的著作。她废寝忘食地看书，引起了我们的不安……于是玛丽强迫她上床睡觉，然后拿走卧室的灯……可是第二天早晨，当发现卧室里点剩的蜡烛和结了冰的墨水瓶时，我们才知道她对数学是如此着迷！

玛　丽　　　　在疼爱之余，我们也被感动了，于是由阻挠变成了支持。

苏菲·热尔曼　谢谢爸爸妈妈！

拉格朗日　　　哈哈，原来天才是如此造就的！

　　　　　　　〔舞台上，光影变幻里，众人的聊天在继续。

拉格朗日　　　（起身道）那就不多叨扰了，我今天还有他事。（微笑着转向苏菲道）不管如何，苏菲，尽管你无法注册成为巴黎理工学院的学生。我乐意成为你的数学导师！如果你以后在数学上有疑问，或者有不解之谜，随时欢迎到大学我的办公室或者我的家里来找我！

苏菲·热尔曼　拉格朗日教授，谢谢您！

　　　　　　　〔灯暗处，众人下。随后PPT上出现如下字幕。

第三场　当苏菲遇见热尔曼

> 时间：1802—1828 年中的某一天
> 地点：相约在数学的梦境里
> 人物：苏菲·热尔曼，热尔曼[她的感性（sensibility）的化身]，苏菲[她的理性（rationality）的化身]

[灯亮处，舞台上出现一个人影——那是苏菲·热尔曼，她倚在一书桌边，睡着了。

[在朦胧的灯光下，一个人影——那是她的感性化身从她身后走出。来到舞台前。她看着梦境中的苏菲·热尔曼，然后面向舞台下的观众语道。

热尔曼　　瞧，我们的苏菲又睡着了，数学是那神奇的世界！伴随她……在梦乡里！

[又有一个人影——那是她的理性化身从梦境中的苏菲·热尔曼身后漫步而出，来到热尔曼的身边。

苏　菲　　时间的步履，快如梭。一别经年，已不是当年时。

[热尔曼似乎被吓了一跳，转头看了看梦境中的苏菲·热尔曼，有些惊奇地说道。

热尔曼　　你……你是谁？

苏　菲　　我是苏菲。

热尔曼　　（看着梦境中的苏菲·热尔曼）你是苏菲？

苏　菲　　是的。我是苏菲。（指着梦境中的苏菲·热尔曼继续说道）我是她的理性之化身。

热尔曼　　(有点迷惑道)哦,你是她的理性化身?!……那我又是谁?

苏　菲　　你是热尔曼。你是她的感性化身。

热尔曼　　(指着梦境中的苏菲·热尔曼讶然道)我们都是她的化身?……真神奇!

苏　菲　　一别经年,岁月如梭。当年的苏菲·热尔曼已从一位懵懂的少女成长为天才睿智的女性数学家,在法国数学的天空占有一席之地。

热尔曼　　遥想当年,你喜爱数学!你喜爱读书!阿基米德的数学传奇,赋予你美好的童年往事。

苏　菲　　遇见拉格朗日,则是你一辈子的幸运。

热尔曼　　犹记得,那时的你正值青春年少,豆蔻年华。那时你如此渴望进入巴黎综合理工学院读书,因为当时这座新生的高等学府云集了如此众多的数学大师——

苏　菲　　其中有蒙日、拉格朗日……

热尔曼　　还有拉普拉斯也在那里执教。

苏　菲　　那个时期的法国,对妇女的歧视仍然没有改变。一如欧洲其他的大学,综合理工学院当时只接受男性学生。

热尔曼　　学术研究号称没有国度之别,却有着明显的性别之分。所幸的是,真正的学术研究者并不介意性别。在这里,你有幸遇见了你的数学伯乐——大名鼎鼎的拉格朗日教授!

苏　菲　　我是他的千里马,他是我的伯乐!

热尔曼　　正是在这位数学大师的带领和影响下,你漫步在神奇的数学王国。还结识了数学科学界的不少学者。

苏　菲　　1798年迎来了勒让德的《数论》一书出版。数论中那些奇妙的性质以及其优美的证明深深地吸引了你,让你如饥似渴地研读。

热尔曼　　这本书对你的学术生涯产生了巨大影响,你写信给勒让德,得到了他

苏　菲	热情的帮助。
苏　菲	"数论,那是数学的女皇",高斯曾如是说。
热尔曼	苏菲·热尔曼与高斯的通信可谓是数学史上的一段传奇!
苏　菲	这个故事始于一部名为《算术探讨》的伟大著作。数论世界最深奥的秘密在此……书中隐藏。
热尔曼	这本书1801年出版,作者正是天才的数学王子高斯!
苏　菲	你熟读了高斯的这一著作,并得到了属于自己的一些新结果。三年后,你终于有勇气给高斯写信,讨论相关的数学问题。
热尔曼	由于担心高斯会因为你的性别而不认真对待,于是你再次使用了"勒布朗"先生的化名。你对高斯的敬畏可从这信中的文字看出:

不幸的是,我智力之所能比不上我欲望的贪婪。对于打扰一位天才,我深感鲁莽,因为除所有他的读者都必然拥有的一份倾慕外,别无理由蒙其垂顾。

苏　菲	数学王子高斯并没有像传说中的那般孤傲,在给予你的工作以很高评价的同时,他把你视为他的知音:"我很高兴数学找到了你这样有才能的朋友……"还记得么,高斯竟然在回信中如此写道。
热尔曼	两位陌生人的数学对话和通信就这样开始了。你们在时间的流转和相互的交流中收获了数学研究的成果,也培养了朋友间的真挚友谊。直到有一天,高斯他终于知道曾经的"勒布朗先生"原来是位传奇的女子。
苏　菲	其中的故事是这样的:话说1806—1807年前后,拿破仑的军队进攻德国,由于担心异国的朋友会重蹈阿基米德的覆辙,你请求父亲的朋友关照高斯,这让这位伟大的数学家在战争期间远离危险。
热尔曼	高斯对此的感激转化为如下的赞美之词:

当一位女性终于成功地克服种种障碍,洞察其中最令人费解的部分时,那么毫无疑问她一定具有最崇高的勇气、超常的才智和卓越的创造力!

苏　菲	他们的通信——多少因为高斯被聘为哥廷根大学天文学教授——因为高斯的兴趣从数论转为应用数学而随之中断。从此热尔曼也转而研究物理学。
热尔曼	奇妙的克拉德尼图形见证了苏菲在物理学上的天才。由此她在1816年获得了法国科学院悬赏征答的科学大奖。
苏　菲	你是她的感性，我是她的理性。我们都是她的化身……真神奇！
热尔曼	关于苏菲·热尔曼的科学人生，含有无数的传奇呀，还有一件如此重要的数学故事，你我都忘了……
苏　菲	是的呵！那是费马大定理故事之旅中的热尔曼定理……它延伸你我的数学传奇！
热尔曼	有趣的是，收藏苏菲·热尔曼对数论发展的重要贡献的这一定理，却发表在她的著作《哲学作品》中……
苏　菲	哲学？这让我不由得想起……一位天才画家拉斐尔·桑西的绝世名画《雅典学院》，这幅画见证众多哲学家的传奇之旅……（PPT上随之出现《雅典学院》的画片）
热尔曼	（指了指PPT上的画作，语道）这画中有柏拉图和亚里士多德，这画中还有毕达哥拉斯和芝诺，这画中还有欧几里得和托勒密，这画中……这画中竟然还有一位传奇的女性绝世而独立！
苏　菲	画中的这位传奇女性，或许可以告诉你阿基米德为何会成为一位最伟大的数学家。
热尔曼	画中的这位传奇女性，她是谁？
苏菲·热尔曼	（一起语道）你（们）知道么？画中这位传奇而伟大的女性，她的芳名是希帕蒂娅！是的，请听《苍穹下的女神》如是说——

〔灯暗处，舞台上，众人下。随后PPT上出现如下字幕。

第六幕

第一场　让我们相约在悖论王国

> 时间：387年前后的某一天
> 地点：亚历山大博物院
> 人物：希帕蒂娅，A、T、P（或可加其他人物）

［灯亮处，舞台上呈现的是众人关于芝诺悖论的辩论赛（或可通过PPT加入相关的画片）。

A　　依我看，芝诺的这个悖论根本不值得反驳。

T　　根本不值得反驳？

A　　想想看，阿基里斯——可是古希腊神话传说中最善跑的英雄，而乌龟，则是这世界上爬得最慢的动物。阿基里斯怎么可能会追不上乌龟？！

P　　那倒是。可是，芝诺的分析也是很有道理的。（指着PPT上的图画，或相关的道具）设想在最初时刻，乌龟在阿基里斯前面；阿基里斯若想追上乌龟，他必须先到达乌龟现在的位置；而等阿基里斯到达这个位置之后，乌龟又前进了一段距离……如此下去，阿基里斯岂不是永远追不上乌龟。

A　　这只是芝诺的"胡说八道"而已。要知道，在现实的生活里，根本不会发生这样的事。

［希帕蒂娅从舞台的一边上，说道。

希帕蒂娅　　大哉芝诺，鼓舌如簧，无论你说什么，他总认为是荒唐。

T　　喔，希帕蒂娅来了。

P　　希帕蒂娅，你刚才说谁最荒唐？

希帕蒂娅	"大哉芝诺,鼓舌如簧,无论你说什么,他总认为是荒唐。"这是普卢塔克,一位著名的传记作家对芝诺的评价。
A	怎么样?连普卢塔克也说芝诺很荒唐。
希帕蒂娅	不然,芝诺的这个悖论看似荒唐,实则发人深省。
T	哦?怎么说?
希帕蒂娅	还是让我们一起看看芝诺先生的推理。(希帕蒂娅在纸上或在黑板上涂鸦,在 PPT 上呈现相应的图画)假设在比赛的最初时刻,阿基里斯在 A 点,而乌龟在阿基里斯前面 B 点,阿基里斯若想追上乌龟,他必须先到达乌龟所在的 B 点,可是当阿基里斯到达 B 点时,乌龟已向前爬了一小段,比如说,到达 C 点;然后,当阿基里斯再追到 C 点时,乌龟又往前爬到了 D 点,当阿基里斯再追到 D 点时,乌龟又往前爬到了 E 点……
P	是啊,是啊。
希帕蒂娅	如此这般,乌龟会制造出无穷多个新的起点,它总能在起点与自己之间制造出一个距离,不管这个距离有多小,但只要乌龟不停地奋力向前爬,阿基里斯就永远也追不上乌龟。
P	嗯。这样的点有无穷多个,阿基里斯怎么可能在有限的时间里走过无穷多个点。
希帕蒂娅	不过,芝诺的推理包含了一个不合理的假定,他限制了赛跑的时间。
T	限制了赛跑的时间?
希帕蒂娅	是的。芝诺将有限的空间分割成无限多个部分,因此他断言阿基里斯无法在有限的时间内走过无穷多个点。可是,他对空间的分析也可以用在时间上,有限的时间跟有限的空间一样,也是可以分割成无限多个部分的。(稍停后)因此用有限的时间完成有限的空间是完全可以的,因为那实际上是用无限多个时间部分来完成无限多个空间部分。
A	原来还可以这样。这个悖论故事——竟然别有洞天!
T	虽然我还有点蒙……可是,希帕蒂娅,你真是智慧绝伦!
希帕蒂娅	这没什么的,我说的这一论点源于亚里士多德,我只是有幸读过他的哲

	学著作而已。(稍停后,续道)不过亚里士多德的这个解释或许并不完全,后来阿基米德发明了一种类似于几何级数求和的方法,才给出了这个悖论更为完美的回答……
P	希帕蒂娅,你真牛!你怎么可以知道得这么多?!
希帕蒂娅	怎么知道得这么多?!哦,那是因为,我有一个伟大的父亲……他是数学家和哲学家赛翁,他是亚历山大博物院的院长呀。

〔灯暗处,众人下。PPT上出现如下字幕。

第二场　哲学家的女儿

> 时间：390年前后的某一天
>
> 地点：亚历山大博物院内外
>
> 人物：希帕蒂娅，赛翁（希帕蒂娅的父亲）

[灯亮处，舞台上呈现的是希帕蒂娅同她的父亲一道，合作完成对《几何原本》的修订和评注的情景——他们俩在众多的抄本中，认真比较，去伪存真……

[两张书桌上堆满了厚厚的书，油灯昏黄的光照亮了两个伏在书桌上奋笔疾书的人。灯光照亮了赛翁的脸，然后在舞台上亮起。

希帕蒂娅　（从书堆里站起身来，叫道）父亲，快来看，这里又有一处错误？！

[赛翁快步走过去，接过希帕蒂娅手中的书，在昏暗的油灯下仔细辨认。

赛　翁　是的，这样的错误——我们已经在六个版本上看到过了。

希帕蒂娅　父亲，《几何原本》——这样一部科学巨著，怎么还会有这么多错误？

赛　翁　（微微叹了口气）我的哲学家女儿，这也是没办法的事。欧几里得的这部作品成书已经有六七百年了，如今的版本都是手抄写的，难免会出现差错。

希帕蒂娅　那倒是。这书抄来抄去的，各种抄本多了，必然会有不少错误。

赛　翁　哎，六七百年间呵……这漫长的时间里，《几何原本》的抄本太多了，而且错误之处也不尽相同，就算将手里这本错误的地方重新标注，其他的书依然会有错误。

希帕蒂娅　除非……有人能把现有所有的版本错误都找出来，再做一个新的没有错误的修订本!

赛　　翁　　可是这谈何容易呀!真要这样做的话,工作量可是非常之巨大的。

希帕蒂娅　　我的数学家父亲,这难道不是好事吗?这么多的版本,错误之处可多了去了!对我们这些数学研究者来说,或许没有太大影响。可是,对那些初学几何学的人来说,若把这些错误当作真理可就不好了。

赛　　翁　　你说得很对,希帕蒂娅。我们若能这样……收集各种抄本,在此基础上认真比较,去伪存真……再做一个新的没有错误的修订本,这是非常有意义有价值的。

希帕蒂娅　　嗯,若还能对《几何原本》的文字进行润饰和加工,再添加一些相关的评注,使之更适合读者阅读,那就更完美了。

赛　　翁　　是的。这真是一个绝妙的建议!若真有这样的一版《几何原本》问世,必将受到广泛的欢迎!这也将造福众多后来者……

〔在厚厚的书堆里,油灯昏黄的光照亮了两个人。在那光影变幻里——舞台上或可伴随有隐隐约约的音乐声。

赛　　翁　　希帕蒂娅,我的哲学家女儿,已经工作了一天了,该回家休息了,我们明天再继续!

希帕蒂娅　　再等等,我把这个阅读完……

〔灯暗处,舞台上飘荡着两人的话语声。

希帕蒂娅　　父亲,当《几何原本》的修订工作完工时,我想外出求学,我想去雅典!

赛　　翁　　去吧,我的孩子。雅典是古希腊哲学的发源地,也是欧几里得的故乡。在那里,你将得到更多……

〔两人下。随后PPT上出现如下字幕。

第三场　自由的课堂

时间：397年—407年

地点：亚历山大博物院

人物：希帕蒂娅，奥雷斯特斯，西奈修斯以及她的其他学生

旁　白　　公元4世纪晚期，罗马帝国江河日下，位于埃及行省的亚历山大港，如同落日余晖；人类历史上最伟大的图书馆——亚历山大图书馆，已失去它昔日的辉煌……

公元395年前后，希帕蒂娅求学归来，成为亚历山大博物院的教师，主讲数学和哲学，有时也讲授天文学和力学。科学与哲学在这里交融，自由和民主同在……希帕蒂娅的博学、雄辩以及平等的态度，还有充满活力和感染力的演讲，吸引了无数的听众。其中包括亚历山大市长、年轻的奥雷斯特斯……

〔灯亮处，舞台上呈现的是众人在听希帕蒂娅讲授数学与哲学的情景——舞台上的希帕蒂娅，或可身披一件古代哲学家喜爱的斗篷，比如可参考《苍穹下的女神》电影片段。

希帕蒂娅　　少有傻瓜会扪心自问，星星为何不会从天空坠落？可你们不同，你们受过智者的教育；你们知道星星只会升起或者落下，自东至西转动……沿着最完美的轨迹做圆周运动。（稍停处）

圆周运动主宰宇宙，因而星星永不坠落。但是在地球上呢？在地球上，物体自由降落，但是它们的运动轨迹不是环形而是线形。我们再看一次！

（她让一个球或者别的物体自由落下，续道）那么，你们认为在地面之下究竟蕴藏着何种神奇物质，使得人类、动物、所有的物体各得其所？那会是什么呢？

奥雷斯特斯　是重力！

希帕蒂娅　　不对。(转向另一学生)西奈修斯。

西奈修斯　　因为它们的重量？

希帕蒂娅　　不对，你们说的是一样东西。但你们都没有切中要害；你们有没有人想过你们的……你们的脚，站立在宇宙的正中央。而宇宙承载万物，并将万物紧密相连。如果没有中心，那么宇宙将会混沌不清，无穷无尽，无形无状，杂乱不堪，无论我们身处何方，都将毫无二致，那我们不降临人间岂不更好？

[光影变幻中，舞台上，众人下，唯有奥雷斯特斯在等待。

希帕蒂娅　　(低头收拾桌上的书)我想今天的授课内容已经结束了，奥雷斯特斯，你为何还在这里？

奥雷斯特斯　噢，(上前一步)希帕蒂娅，能耽误你一些时间吗？我……有些话想对你说。

希帕蒂娅　　请说吧，奥雷斯特斯。我稍后还需要继续为丢番图的《算术》做些补注，可能时间有些紧张。

奥雷斯特斯　(很是犹豫地)我……

希帕蒂娅　　请尽快说吧，奥雷斯特斯！你可不像是说话会吞吞吐吐的人。

奥雷斯特斯　亲爱的希帕蒂娅，不知道我有没有这个荣幸，能得到……您的垂青？让我以后代替您的父亲……

希帕蒂娅　　(有意地打断了他的话，扬了扬眉)奥雷斯特斯……我以为我们是挚友，是师生，我觉得这样的关系已经足够了。

奥雷斯特斯　不，请让我说完，(再上前一步)我想您应该猜到了很多，作为"异教徒"却拥有非凡声望的您，现在是西里尔大主教的眼中钉，肉中刺，他们随时都会对您下手，只有身为总督的我能够保护您！

希帕蒂娅　　够了！奥雷斯特斯！你认为我会惧怕这些？然后害怕得瑟瑟发抖，躲进你的怀中寻求庇护？(轻蔑地笑了笑)我既然选择了这条路，就不会退缩。我同父亲说过:"我喜欢数学,喜欢哲学,我相信真理,这就是我自己。我愿意将我自己的青春献给我的真理!"必要时刻,不仅包含青春,还有我的生命。我就是我,一个独立的个体,不会和别人相同,也不必和别人相同。

奥雷斯特斯　(怔怔地看着希帕蒂娅)我不是……这个意思,我只是倾慕您,想要保护您。像其他人一样保护自己心爱的姑娘……这有错吗?

希帕蒂娅　没有错。那么,奥雷斯特斯,你喜欢我什么呢?容貌?身体?你如今所看到的美好,不过是表面的东西,终究会变成一抔黄土。(揉了揉眉心,有些疲倦)你走吧,奥雷斯特斯,忘掉这些事,希望下次再见面时我们依旧会是挚友和师生的关系。

[灯暗处,舞台上,两人下。随后PPT上出现如下字幕。

第四场　最后的讲学

> 时间：公元415年3月的某一天
> 地点：亚历山大一隅
> 人物：希帕蒂娅，奥雷斯特斯，车夫以及很多听众（群演）

[灯亮处,舞台上呈现的依然是希帕蒂娅的讲课,这里有很多听众……夕阳的余晖照进恢宏的图书馆内,思想在碰撞。许多人围坐在礼堂中央的高台旁,仰望着希帕蒂娅站在高台之上,倾听着数学的真理……

希帕蒂娅　　（热情洋溢地）在课堂的最后,让我们再说说丢番图。他的著作《算术》是一部不朽的诗篇,有别于自欧几里得以来以几何为主的论证方式,这部著作以代数的模式——在希腊数学中独树一帜。且听这位伟大的数学家留给我们的——很是有趣的墓志铭：

行人啊,请稍驻足；

这里埋葬着丢番图,

上帝赋予他一生的六分之一

享受童年的幸福；

再过十二分之一,两颊长胡；

又过了七分之一,点燃结婚的蜡烛；

贵子的降生盼了五年之久,

可怜那迟到的宁馨儿,

只活到父亲寿命的半数,便进入冰冷的坟墓；

悲伤只有通过数学来消除,

四年后,他自己也走完了人生旅途。

希帕蒂娅　　那么,这里就蕴藏有一个绝妙的问题,丢番图的一生,究竟活了多少年？

(稍停处)好了,我们今天就到这里了,谢谢大家,愿真理永伴你们左右!

[希帕蒂娅在众人的掌声中走下讲台。奥雷斯特斯走向希帕蒂娅,想要与她并肩。众人三三两两地结伴退场。除希帕蒂娅和奥雷斯特斯外,众人下。

奥雷斯特斯　希帕蒂娅。

希帕蒂娅　奥雷斯特斯,(停下脚步)我想我已经表明了自己的态度。

奥雷斯特斯　是的,希帕蒂娅。你已经说得很明确了。尽管我倾慕你,想要保护你,但是,希帕蒂娅,我尊重你,也会尊重你的决定。我们仍然是朋友,不是吗?

希帕蒂娅　(露出微笑)当然,奥雷斯特斯。那么,我的朋友,你是有什么事吗?

奥雷斯特斯　是的,我在想你刚才说的丢番图——他是一位伟大的数学家,听说他有一个著名的猜想是吗?

希帕蒂娅　是的,朋友。不过,它可能算不上一个猜想,更像是一个发现。他发现了——1、33、68、105 中任何两数之积再加上 256,其和皆为某个有理数的平方。我现在正以我浅薄的学识在研究这一发现,希望能借此一窥那个伟大的灵魂。

奥雷斯特斯　哦,希帕蒂娅,你绝对和浅薄沾不上边。不过,有趣,这很有趣。哦……我可以和你一起研究吗,研究这个伟大的灵魂。

希帕蒂娅　当然,奥雷斯特斯,随时欢迎你来。

奥雷斯特斯　这真是太好了!

希帕蒂娅　(紧了紧抱着书的双臂)抱歉,奥雷斯特斯,时间不早了,我想我得先走了。

奥雷斯特斯　的确很晚了,我……我送你回家吧。

希帕蒂娅　不必了,车夫已经在等我了。

奥雷斯特斯　好吧。不过,希帕蒂娅,现如今正是多事之秋,恐怕在卑鄙的西里尔的挑唆下,已经有很多人对你心生不满和嫉妒,你要小心些。

希帕蒂娅　　让他们来吧,我不怕。我只相信真理、向往真理,不会向他们低头的!不过,还是谢谢你,奥雷斯特斯。再见,我的朋友!

奥雷斯特斯　　再见,希帕蒂娅!

〔奥雷斯特斯从舞台上下,舞台的另一边,马车车夫上。

车　　夫　　小姐!

希帕蒂娅　　这就来了(回头看了一眼图书馆,走上马车)回家吧。

车　　夫　　好的,小姐。

〔灯暗处,依稀有马蹄声、车轮声逐渐远去。随后似有暴风雨突然降临。雨滴敲打在石板上,马蹄声由远及近,之后是黑暗中的怒吼声。

车　　夫　　你们在做什么,你们这群禽兽。(车夫剧烈挣扎和搏斗的声音)放开我家小姐,魔鬼,放开我,魔……鬼……

〔舞台上,黑暗中互相撕扯的声音,书散落在地上的声音,和希帕蒂娅的衣服被撕裂的声音……众人下,最后舞台上只剩下滴滴答答的雨声……

〔随后PPT上出现如下字幕。

第五场　思想的回音

> 时间：公元 415 年 3 月的某一天
> 地点：记忆的星空
> 人物：希帕蒂娅，赛翁——两者或都可以是思想的镜像

［灯亮处，舞台上呈现貌似赛翁的老者在等待……希帕蒂娅的思想镜像从舞台的一边上，懵懵懂懂地，遇见舞台中央的赛翁。希帕蒂娅很是惊讶。

希帕蒂娅　（讶然地）啊，父……父亲？你怎么会在这儿？

赛　翁　希帕蒂娅，我的哲学家女儿，你终于来了。

希帕蒂娅　（回顾四周）这是在哪里呀？我的数学家父亲。

赛　翁　这里是记忆的星空。我的孩子。

希帕蒂娅　记忆的星空？

赛　翁　是的，孩子。这是一个无限美好，没有邪恶的地方。这里没有阶级的争斗，没有信仰冲突……唯有自由、平等、博爱……与你相伴。

希帕蒂娅　可是我……我怎么会来到这里？

赛　翁　孩子，你不记得了么？因为追求科学的真理，你被一群狂徒极其野蛮残忍地杀害了。

希帕蒂娅　啊！……多怀念小时候的岁月！

赛　翁　是的，孩子。孩提时代的你美丽聪慧，有着非凡的数学天赋。小小年纪，你就掌握了丰富的算术和几何知识。那时候的你还不到十岁，对相似三角形的性质特别感兴趣。

希帕蒂娅	我记得,正是在父亲您的启迪下,我懂得了如何利用金字塔的影长和相似三角形知识来求得金字塔的高度。
赛　翁	随着年纪的增长,你的兴趣越来越广泛。你不仅喜欢数学、天文和物理,而且还喜欢讨论那些与科学有关的哲学问题。记得吗?我们一道合作完成了对《几何原本》的修订工作!
希帕蒂娅	是的,我记得。我还记得,还给丢番图的《算术》、阿波罗尼奥斯的《圆锥曲线论》做过评注……那是多么愉快的日子!
赛　翁	你聪慧好学,多才多艺,风华绝代。无论是在亚历山大博物院,还是在亚历山大的城市广场,你的演讲都吸引了无数的听众……我的哲学家女儿,你是一位完美的学者!
希帕蒂娅	是吗?……可是为什么我还是被残忍地杀害?
赛　翁	因为——那是一个黑暗降临的时代。
希帕蒂娅	是吗?真理之书上的墨迹经过雨水的冲刷,早已模糊不清……
赛　翁	可是,孩子,你并没有被人们遗忘!在你死后,亚历山大城到处传颂着你的功绩,赞扬你的智慧和为人!你在那里播下的科学种子被带到世界各地,生根、发芽、开花、结果。你的七彩传奇将会出现在许多人的文字里,希帕蒂娅的名字将被世人所敬仰!
希帕蒂娅	(优雅地微微笑了)是么?
赛　翁	你看,这不……在那遥远的东方,中国上海……此时此刻,正有这样一位学者在讲授属于你的科学传奇……

　　〔灯暗处,舞台上,两人下。随后PPT上出现如下字幕。

剧中曲　女性数学家传奇

时间：21世纪的某一天

地点：上海

人物：Prof. J

［这是一场相对独立的话剧主题——或可在此植入一个现实版的数学讲座（时间16—20分钟），讲座的主题是《女性数学家传奇》。

［或可参考后面第二篇的《女性数学家传奇》，这是我们2018年演出版的讲演内容与画片。

在这讲座后迎来的是——

第七幕

第一场　数海巾帼

> 时间：2035 年 10 月的某一天
> 地点：华东师大一隅
> 人物：陈焦，柳形上，两位老师——徐斌艳、陈双双，现场观众

［灯亮处，舞台上依旧是最初的场景。柳形上和陈焦依然在愉快地聊着天。

柳形上　同学们，老师们，朋友们！这里是华东师大数学文化类栏目《竹里馆》的节目现场，掌声欢迎我们——陈焦学姐的到来！

柳形上　谢谢陈焦学姐和我们分享有如此多女数学家的传奇故事。它们是如此的沁人心脾！亦给予我们太多的感动与启迪！

陈　焦　谢谢。

柳形上　回望历史，在数学历史的长河里，这些如此出色的女性数学家，在那传奇的背后，却又是如此的不易岁月……相比这些传奇的女性，当下的我们无疑是幸运的，因为我们生活在一个美好而幸福的时代。

陈　焦　是的。我们生活在一个幸福的时代！在这个时代，女同胞可以和男同胞一样，来拥抱自由和平等！享有同样的受教育的权利！享有同样的工作权利！（稍停处）如果你想成为一位伟大的女性，想成为一名女性数学家，这里的世界为你而敞开！因你而精彩！

柳形上　说得真好！如此让我们期待，今晚的传奇会吸引到许多年轻的同学走入女性数学家的行列。

陈　焦　嗯。即便你们不会成为数学家，也希望今晚的故事传奇——会让你们，在座年轻的同学们不再讨厌数学，而是喜欢数学。希望在你们的心中，时刻

怀有对数学知识的感恩！

柳形上　对知识的感恩?！真好。说到感恩，陈焦学姐亦是我们的楷模。还记得几个月前，在获得"遇见数学"奖的那个晚上，陈焦学姐的感言说，她希望将那笔奖金——全部拿出来设立一个数学科学公益基金……

为此我们节目组也有幸邀请到两位特别的嘉宾，她们将一道为我们的陈焦学姐出谋划策，一道来谈谈如何做数学公益……让我们掌声有请徐斌艳、陈双双两位老师！

［在众人的掌声里，两位嘉宾联袂从舞台的一边上。

［柳形上迎上前去，和两位嘉宾握手。

柳形上　（微笑道）欢迎两位老师来到《竹里馆》做客！

［在听到两位嘉宾的名字时刻，陈焦早已站起，此时迎上前去，和两位老师热情拥抱。

陈　焦　徐老师，陈老师，在此舞台见到你们俩，真是高兴！

柳形上　两位老师请坐！

［待众人坐下后。

柳形上　（面对两位嘉宾）两位老师对陈焦学姐肯定是非常熟悉的，你们俩，一位是陈焦的高中班主任兼数学老师，一位则是她大学时代的老师。

陈双双　这么多年来，陈焦一直是我们学校的骄傲！

徐斌艳　那是！陈焦也是华东师大数学专业的骄傲！

陈　焦　谢谢两位老师的赞誉！说来惭愧，毕业后这些年来，很少回母校看看。

柳形上　我想，今后陈焦学姐会有理由多回这两所母校看看。因为你拟设立的数学科学公益基金，必将造福这两所母校的学子们，也将造福上海市乃至全中国的学子们。

陈　焦　我想这是应该的。以后记得多回上海看看，多回母校看看。

柳形上　还是让我们回到刚才的关于数学科学公益基金的话题，请陈焦学姐先说说你的公益设想和意愿是什么。

陈　焦　　如同刚才你说到的,我希望用"遇见数学"奖的这笔奖金来设立一个数学科学公益基金,嗯……叫作"数海巾帼"科学公益基金如何?

〔众人莞尔,都道:这个好!

陈　焦　　(对两位老师道)首先我们想聘请两位老师担任这一公益基金的科学顾问……哈哈,请两位老师不要推辞呢。

〔两位老师愉快地答应了。

陈　焦　　至于这一数学公益基金的用途,我初步的设想是,它将主要致力于华东师大——女性科学家的人才培养,还有就是上海中小学生数学科普作品的创作比赛和相关的实践演出活动上……

柳彤上　　我觉得陈焦学姐的这些设想很是绝妙……两位老师怎么看?

徐斌艳　　陈焦的这些设想真好!我赞同!

陈双双　　哈哈,我也是,非常赞同!数学科普作品的创作比赛,看来我们陈焦的心中,依然还怀有那年少时的文学作家梦!

陈　焦　　(莞尔一笑)还是双双老师厉害,这都被您看穿了。嗯哈,我这小时候的作家梦啊,说不定只好期待……这坐在下面和不在下面的年轻的同学们来帮我兑现啦!

〔众人笑了。

徐斌艳　　致力于女性数学家的人才培养,陈焦的这个设想最是大气。不过,这可是个"大工程"哈。

陈　焦　　是啊。路漫漫其修远兮……徐老师有何比较具体的建议?

徐斌艳　　可以开设相关的特色课程……嗯,除此之外,我想,在华东师大还可以特别推出有关女科学家的系列讲座……我们不单请我们自己学校的女教师来讲演,还可以邀请国内,乃至国际有名望的女数学家或者其他科学家来给我们讲座。

陈双双　　斌艳老师的这个建议真好!我们中学也非常期待有这样的系列讲座。

柳彤上　　哈哈,如此不妨在宋庆龄学校设立一个"陈双双老师"系列科普讲座呢!

陈　焦	嗯哈,相应的,在华东师大则可以有一个"徐斌艳老师"系列科学论坛!
徐斌艳	那双双老师和我……我们可真是"压力山大(亚历山大)"咯!
陈双双	是啊是啊。
柳形上	刚才陈焦学姐说,我们这一公益基金还将致力于上海中小学生数学科普作品的创作比赛和相关的实践活动……我觉得这是一件非常棒的事情。
陈双双	是的。这会是一项非常有意义的活动。尤其是,对我们中学的同学们来说。
徐斌艳	那可真是期待呢。这科普作品的题材多样,除了数学话剧,还可以有数学戏曲、数学小说、数学诗歌……
陈　焦	嗯,还可以有数学相声、数学音乐剧,或者数学微电影等。
柳形上	是的。真是期待啊!我想,这每年一度的活动或许可以"上海数学文化节"或者"上海市中小学数学科学文化节"的方式进行。
众　人	哦?
柳形上	比如这一活动由华东师范大学主办,今年由宋庆龄学校承办……而明年由上海市另外一所中小学承办,大家轮流来,这样不至于太辛苦……
陈　焦	你的这个建议还是蛮好的!
陈双双	嗯,这建议真是蛮好的。这么些好的作品呀,还可以在上海各个中小学巡回演出呢!
徐斌艳	要不双双老师,这第一回合的活动由我们……华东师大和宋庆龄学校一道合作试试看,如何?
陈双双	哈哈,好呀!
陈　焦	如此我们可以在"数海巾帼"科学公益基金的名下设立一个特别的板块,用于支持那些优秀的数学话剧或者其他形式的作品巡演。
徐斌艳	真好。嗯,我还有一个设想,大家看看觉得如何?
柳形上	徐老师请说。
徐斌艳	我觉得可以创造一个"有上海特色的"数学博物馆。(在众人的期待中,停

了停)我曾去过纽约的数学博物馆,还有欧洲的一些数学博物馆,挺有意思的。我想,我们可以在华东师大,或者在上海的某个地方,创设一个特别的数学博物馆——用于收藏这些数学科普作品,相关的演出活动视频,还有每次活动背后的精彩花絮……

陈　焦　还可以有……与这些科学活动相关的文化系列产品……

柳形上　看来真是人多力量大。这一会儿就有这么多好点子。

陈双双　说到这点子呵,我也有一个点子。我想,我们可以在这期待中的未来的数学博物馆里,特别设计一个点子屋,用来收藏那众多的来自上海或者上海之外的我们年轻的同学们的点子,以及资助和支持这些点子……让他们梦想成真! 如何？

陈　焦　双双老师的这个点子真妙!! 这么一说,我们倒是无需再另外想点子啦。

柳形上　哈哈,如此我们点到此为止啦! 不知不觉已接近节目的尾声……三位嘉宾有何寄语给下面在座的年轻的同学们? (看了看三人,说道)要不,徐老师先来？

徐斌艳　那我呀,就借助这个舞台,给我们华东师大做个招生广告吧。欢迎年轻的你们来华东师范大学读书……说不定你会是一位未来的陈焦,一位如此出色的未来科学家!

陈双双　即使你最后不会成为数学家,但我相信,以各种艺术的形式来传递数学文化,来引领实践数学教育,应当可以让数学文化更好地走进学生的生活,让更多的人了解数学、喜爱数学!

陈　焦　愿我们《竹里馆》节目越办越好! 期待更多的同学一道来品读数学之美,漫步文化之桥!

柳形上　让我们期待多年后,华夏数学的舞台,会有众多数学的使者,特别是女性数学家的七彩传奇……闪烁在现代数学的舞台上! 谢谢两位老师! 谢谢陈焦学姐! 谢谢在场的观众朋友们! 这一期的《竹里馆》到此结束,让我们期待明年的精彩!

〔灯暗处,众人下。

〔随后迎来谢幕时刻。

第二篇
女性数学家传奇

> 时间：2018年的某一天
> 地点：上海
> 人物：Prof. J

Prof J　同学们，朋友们，晚上好！我今天演讲的主题是《女性数学家传奇》。

在人类几千年文明的长河中，数学作为科学与艺术最完美的结合，始终在我们的思维中占据极为重要的位置。它几乎是任何一门科学所不可缺少的。古往今来，我们从不缺少伟大的智者，他们打开通往数学真理圣殿途中的重重关卡。然而，我们也不无遗憾地看到，其中能够在数学家的称谓后冠以自己姓氏的女性，是多么的稀少。

在这种逆境中，仍有一些杰出的女性挣脱世俗的桎梏，在数学天地中一展才华。她们的科学人生勾画出今日的故事传奇。

希帕蒂娅(Hypatia，约370—415)被认为是有历史记载以来最早的女数学家。

大约在公元370年，希帕蒂娅出生在亚历山大城(Alexandria)。她在父亲的教导下学习数学。希帕蒂娅的父亲赛翁(Theon)是一位了不起的数学家和天文学家，他不遗余力地培养这个极有天赋的女儿，期待她成为一个完美的，不亚于男人的学者。

希帕蒂娅没有辜负父亲的期望。在童年时代，她就显出超人一等的才智。10岁左右，她就掌握了许多数学知识，并懂得如何运用相似三角形知识来测量金字塔的高度。20岁之前，她几乎读完了所有伟大数学家的著作：欧几里得的《几何原本》，阿波罗尼奥斯的《圆锥曲线论》，阿基米德的《论球和圆柱》……之后，希帕蒂娅去了雅典，在著名的雅典学院研习历史学、哲学和数学。

希帕蒂娅

公元395年，希帕蒂娅求学归来，回到家乡，在亚历山大博物院讲授数学和哲学。有时候也讲授天文学和力学。她经常身披一件古代哲学家喜爱的斗篷，在城市中心的广场上发表演讲。她的博学、雄辩及平等的态度，吸引了无数的听众。

作为智慧与美貌并重的奇女子，希帕蒂娅是亚历山大城的一个传奇。在她的身边，有不少爱慕者和求婚者。有一个小故事说的是，希帕蒂娅意味深长地告诉这些求婚者："我只愿嫁一个人，他的名字叫作真理。"

公元 4 世纪晚期，罗马帝国江河日下。这是一个黑暗即将降临的时代。因为追求科学和真理，希帕蒂娅被斥为"异教徒"。公元 415 年 3 月的一天，希帕蒂娅在回家的路上被一群暴徒从马车中绑架，后被残忍地杀害了。

那是人类科学史上的一大悲剧。

希帕蒂娅并没有被人们遗忘。在她死后，亚历山大到处传颂着她的功绩，赞扬她的智慧和为人……经由她播撒下的古希腊科学种子被带到世界各地……生根、发芽、开花、结果。许多年后，迎来了伟大的欧洲"文艺复兴"，迎来了近代科学的开端。

千百年来，希帕蒂娅被世界各族人民深深地怀念着。她的故事传奇，被谱写成各种各样的歌剧和小说。这位聪慧的女性以她的才华和贡献跻身于古代世界最优秀的学者之列。

当岁月的舞步来到 18 世纪的法国，苏菲·热尔曼再一次点亮数学的传奇。

话说 13 岁那年，喜爱读书的小热尔曼从一本数学史著作中读到阿基米德（Archimedes）的故事，深受感动。于是她立志当一名数学家。为了阻止她，父母没收了她的蜡烛和取暖的工具，但是，在墨水结冰的漫漫冬夜，苏菲点起偷偷藏着的蜡烛，依然故我，勤学不息！

源于对求知的渴望，18 岁的她化名"勒布朗"在巴黎综合理工学院读书。在这所不寻常的大学，她邂逅大数学家拉格朗日（Joseph-Louis Lagrange）。她的科学传奇由此开启。

苏菲·热尔曼

苏菲·热尔曼和高斯（Johann Carl Friedrich Gauss）的通信与数学交流堪称数学史上的一段佳话。在 5 年的时光里，他们间的书信往来不少于 8 封。1808 年，高斯被聘为哥廷根大学天文学教授，他的兴趣从数论转向应用数学，他们的通信也随之中断了。热尔曼转而投身物理学的研究。

热尔曼定理"见证"苏菲·热尔曼在数学上的伟大贡献。她在费马大定理的证明之旅中创造的这一"纪录"，直到 1844 年，才被德国数学家库默尔打破。

女性的光芒绽放在 1831 年，在高斯的推荐下，哥廷根大学决定授予苏菲·热尔曼荣誉博士学位。不幸的是，还是在那年，这位传奇的女性因病过世。她的死亡证明书上身份被记为"无职业未婚妇女"。

历史终究不会忘记这一故事的传奇。在其去世多年后，热尔曼终于赢得了自己应有的荣誉。在当下的法国，有一个著名的数学大奖以她的名字命名。而今的巴黎市有一条街道以她的名字命名为:苏菲·热尔曼街。还有一所高中叫作苏菲·热尔曼学校。法国人终于用这种方式表达了对这位闯入数学王国的女性的敬意!

经年之后,数学传奇再次在科瓦列夫斯卡娅身上绽放! 19 世纪沙皇政府统治下的俄国,女性没有在大学受教育的权利。为了进一步读书深造,科瓦列夫斯卡娅克服了重重困难,来到德国求学。

在德国的柏林,她获得了数学大师魏尔斯特拉斯(Karl Weierstrass)的赏识。在 4 年间,魏尔斯特拉斯利用星期天给科瓦列夫斯卡娅授课,共同讨论数学问题,几乎从未间断过。数学史上的第一位女博士,在 1874 年夏的哥廷根大学诞生!

索菲娅·科瓦列夫斯卡娅

有着博士学位后的她并没有如愿在大学里获得教职。之后她经过商,做过记者和作家……终于在 1883 年 11 月,在瑞典数学家米塔格·列夫勒的帮助下,科瓦列夫斯卡娅受聘为斯德哥尔摩大学讲师。她的讲课清晰易懂,引人入胜,很受欢迎。其间,她解决了著名的"数学水妖"问题,由此获得法兰西科学院的鲍汀奖。

科瓦列夫斯卡娅的生命历程停驻在 1891 年,那年她只有 41 岁。这位科学公主以其短暂的一生,在科学领域留下绚烂的足迹。

埃米·诺特被爱因斯坦、赫尔曼·外尔等许多伟大的科学家誉为"数学历史上最重要的女性"。其一生致力于抽象代数学的研究,而在物理学上,著名的诺特定理则架起了一座连接对称性(symmetry)和守恒律(conservation laws)的数学桥。

埃米·诺特(Emmy Noether)于 1882 年出生在一个富裕的犹太家庭。她的父亲是埃尔朗根大学的数学教授。小时候的诺特并没有显示出特别的数学天赋,但由于长期受到父亲的影响,小诺特对数学有着浓厚的兴趣,她期待到大学读数学。

埃米·诺特

不过,这条路并不好走。当时的德国不允许女性进入大学读书。经过两年的等待,诺特终于获准在埃尔朗根大学旁听。又两年后,她有幸成为埃尔朗根大学数学系 47 名学生中唯一的女生。她在偏见中与数学读书、思考相伴。

在保罗·戈尔丹(Paul Gordan)的导引之下,诺特走上了数学探索之"代数不变量"研究的道路。在短短的两年时间里,她就取得了重大的研究成果。

应希尔伯特和 F. 克莱因的邀请，埃米·诺特于 1915 年重返哥廷根。借助她的不变量理论，诺特证明了著名的"诺特定理"，这是现代物理学的奠基性工作之一。不过，埃米·诺特并没有继续深入研究物理学，她转而回到数学的道路上，研究抽象代数。她在这个新领域里做出了最为重要的贡献。

可是，诺特在数学科学上的辉煌成就并没有为她带来生活上的一帆风顺。除了童年时代，她一直生活在逆境之中。在最初的日子里，她是无薪的，在 1923 年后才有微薄的薪水。

只是，这并不妨碍，在数学的神奇世界里，她的学生们如此爱戴着她……

她最后的时光是在布林莫尔学院度过的，那里距离普林斯顿高等研究院很近。和哥廷根一样，她喜欢领着学生们数学散步。多年后，诺特的那些学生，乃至学生的学生们，当会依稀记得，那些日子里她天真、无私和清朗的笑声。

朱丽亚·罗宾逊(Julia Robinson)是为数不多的世界著名的女数学家之一。她以非凡的人格魅力，向我们诉说她的传奇。

朱丽亚·罗宾逊

尽管在小时候数学已让朱丽亚深深着迷，但是直到来到伯克利(Berkeley)，数学读书与研究才成为她一生的事业。在这里，朱丽亚还收获了爱情。

1948 年，她在著名数学家塔斯基(Alfred Tarski)的指导下获得博士学位。也是在这一年，她开始了对于希尔伯特第十问题的研究。

朱丽亚·罗宾逊的数学人生，由此与著名的希尔伯特第十问题紧密相连……

经过 70 年的等待，这个著名的问题终于获得比较完美的解答。隐藏在这一伟大的数学故事背后，有众多数学大师的名字——丘奇、哥德尔、图灵、波斯特、克林……马丁·戴维斯、希拉里·普特南、马蒂亚塞维奇，当然其中朱丽亚·罗宾逊的名字最为闪亮！

你一定想不到，这个数学问题的解决，竟然会借助"斐波那契数列"和"中国剩余定理"的神奇力量……

1985 年 7 月 30 日，朱丽亚·罗宾逊与世长辞。遵照她的遗愿，没有举行葬礼，为了寄托深深的哀思，人们将捐款送到她生前建立的用以纪念她的导师阿尔弗雷德·塔斯基的基金会，以助有志于数学研究的莘莘学子一臂之力。

她是一位真正的数学家，一位开创时代的伟大女性，她不平凡的一生将永远为人们所铭记和怀念。

20世纪国际数坛中"她"力量

20世纪迎来诸多的传奇女性，漫步在数学的舞台上……她们在各自的数学科学领域上做出了非常出色的贡献。她们都谱写着属于自己的七彩传奇。

奥尔加·陶斯基（Olga Taussky-Todd）于1906年出生在捷克奥洛穆茨的一个犹太家庭。少女时代的陶斯基就对数学表现出浓厚的兴趣。

有一个数学故事说的是，在陶斯基还是一名青年数学家时，被聘用以找寻并纠正《希尔伯特全集》中的数学错误。她出色地完成了这项工作，只有一篇关于连续统假设的论文，她无法修复。

奥尔加·陶斯基

陶斯基在数学领域有着极为出色的贡献。她以其在代数数论、群论和矩阵分析等方面的诸多工作而闻名20世纪的数学江湖。她戏称自己是矩阵理论的火炬手。

凯瑟琳·莫拉韦茨(Cathleen Synge Morawetz，1923—2017)是一位加拿大数学家，不过她职业生涯的大部分时间都在美国度过。她在她的研究领域做出了极其出色的贡献，因此莫拉韦茨获得一系列的荣誉。

"也许我成了一名数学家，是因为我在做家务时常常笨手笨脚。"莫拉韦茨曾如是打趣道。

肖凯-布吕阿(Yvonne Choquet-Bruhat，1923—)是一位著名的法国数学家。她在数学物理领域上有着出色的贡献。其研究涉及广义相对论、非阿贝尔规范理论和相关超重力的数学。

凯瑟琳·莫拉韦茨 　　　　　　肖凯-布吕阿

在她诸多的荣誉中，她是第一位当选法国科学院院士的女性数学家，她还是1986年的诺特讲座者(Noether Lecturer)。

卡伦·乌伦贝克(Karen Keskulla Uhlenbeck，1942—)，来自美国俄亥俄州克利夫兰市。她最初进入密歇根大学读的是物理学，随后她发现数学课程如此有趣，就转向数学。

乌伦贝克是现代偏微分方程领域的著名数学家。她的工作为微分几何和现代物理学提供了有效的分析工具。在其数学人生里，乌伦贝克赢得许多奖项和荣誉：1990

卡伦·乌伦贝克

年，她应邀在国际数学家大会做1小时报告，她是继埃米·诺特之后的第二位女性讲座者。

亚历山德拉·贝洛(Alexandra Bellow)是一位来自罗马尼亚的数学家。作为数学

家的一生，她在遍历理论、概率和分析领域做出了重要的贡献。贝洛是1991年的诺特讲座者。

克雷斯蒂娜·库佩贝格（Krystyna M. Kuperberg，1944— ）是一位来自波兰的数学家，现为美国奥本大学的教授。她在动力系统和拓扑学这两大数学领域做出了极为出色的贡献。

亚历山德拉·贝洛 　　**克雷斯蒂娜·库佩贝格**

玛格丽特·麦克达芙（Margaret Dusa McDuff，1945— ）是一位来自英国的数学家。她在苏格兰爱丁堡长大，数学赋予她许多快乐的时光。后来她如此回忆道：

……十几岁当我思考究竟要做什么时，我意识到数学才是我的最爱；不管怎样，我听到了这个心声。我发现数学可以与绘画相媲美。我没有听说过任何女数学家，但我不在乎。我想与众不同。

张圣容（Sun-Yung Alice Chang，1948— ）出生于西安。时值战乱，举家搬迁到香港，后又迁到台湾。1974年获得美国加州大学伯克利分校的博士学位。现为普林

玛格丽特·麦克达芙 　　**张圣容**

斯顿大学的教授。

她在几何和拓扑学领域的微分方程方向上做出了重要而深刻的贡献,曾两次受到邀请在国际数学家大会上做报告。她还是2001年的诺特讲座者。

英格里德·多贝西(Ingrid Daubechies,1954—)是一位来自比利时的数学家。她的研究最初是从数学物理开始的,在获得博士学位后的几年中,她转而喜欢上了应用数学。多贝西在小波理论上有极其出色的贡献,她这方面的开创性工作或将让智能手机步入一个新的时代。为此她获得一系列的荣誉。英格里德·多贝西是2006年的诺特讲座者。

英格里德·多贝西

班昭(约45—117),名姬,字惠班,东汉扶风安陵人。其出身官宦和文史学术之家。续写《汉书》,完成八表和写出《汉书·天文志》;她不单是我国历史上第一位杰出的女史学家,还是一位女数学家。当可与西方的女神希帕蒂娅遥相辉映!

1600多年后的清代,出现了著名算学家、文学家王贞仪(1768—1797)。她学贯中西,才华横溢;通晓地理、数学、医学和诗文绘画、气象,兼资文武,六艺旁通,博而能精。她的一生虽很短暂,但著述却很多。

班昭

王贞仪

她们俩是古代中国女性数学家传奇之典范。

20世纪的中国,迎来诸多女性数学家的传奇。这里有现代中国数学的第一位女博士徐瑞云,她不单在数学研究上取得出色的成果,也为中国数学的教育事业,奉献勤勉而动人的一生。她是一位关爱他人、受人爱戴的数学家和教育家。

王明淑是一位数学家,她研究过希尔伯特第十问题,并做出了突出贡献。在她的引导下,她的一个孩子也成为一位著名的数学家。

这里有中国数学界第一位女院士胡和生,她在微分几何和数学物理领域上做出许多具有原创性的工作,为现代中国的数学做出重要的贡献。她还是2002年国际数学家大会诺特讲座的演讲者。这里还有青年数学家邬似珏,因其在水波方程领域的出色贡献,在2010年第五届华人数学家大会上获得晨兴数学奖金奖,由此成为第一位获得金奖的女数学家。

徐瑞云 　　　　胡和生 　　　　邬似珏

在这一讲座的尾声,让我们再提及两位青年数学家,她们见证了21世纪女性数学家的传奇。

玛丽亚姆·米尔扎哈尼(Maryam Mirzakhani,1977—2017)是一位来自伊朗的数学家。她小时候的梦想是成为一名作家。直到在高中时,玛利亚姆在数学世界中找到了自己的方向。2014年,因其对黎曼曲面及模空间的动力学和几何学的突出研究,她被授予菲尔兹奖——这是绝大多数男性数学家都难以企及的荣誉。

年轻的马林娜·维娅佐夫斯卡(Maryna Sergiivna Viazovska,1984—　)则是2018年菲尔兹奖的热门人选之一(编辑注:马林娜·维娅佐夫斯卡于2022年获得菲尔兹奖)。这位乌克兰的"数学女神"因在2016年解决了八维空间的球体堆积问题而享誉21世纪的数学舞台。

往事传奇,今朝展望。上面这些女性数学家的传奇和她们所取得出色的成就,证明了数学不是男人的专利,女性也能征服数学和科学。这些七彩传奇为女性点亮了数

玛丽亚姆·米尔扎哈尼　　　　　马林娜·维娅佐夫斯卡

学世界的明灯。希望这场讲座可以赋予年轻的同学们一份智慧和人生的启迪，以及对数学多一点无与伦比的喜爱！

谢谢！

第三篇

剧本之外的云彩

3.1 女性的科学传奇

在数学历史的星空里,女数学家是比较稀缺的——特别在 20 世纪之前,她们是极其稀少的。或许正因为如此,她们的生平故事大都精彩夺目,不但富含传奇,而且具有丰富的数学与人文的教育功能。在这里,我们先来了解一下如下几位女数学家。

苍穹下的女神:希帕蒂娅

东罗马帝国早期,在北非埃及亚历山大城里,有一位集美貌、智慧、辩才、品德于一体的女学者。她一生未婚,勤勉教学、研究,成为名重一时、广受欢迎的女哲学家、数学家、天文学家、占星学家及教师。她就是人类历史上有明确记载的第一位女数学家——希帕蒂娅(Hypatia,约公元 370—415)。

希帕蒂娅

一、乱世才女

希帕蒂娅生于约公元 370 年的亚历山大城(Alexandria,现在埃及的亚历山大港),它是罗马帝国的一个重要城市。曾经辉煌的亚历山大城,那时已如同落日余晖,迎来的是一个科学开始衰退、黑暗即将降临的时代。

希帕蒂娅的父亲赛翁(Theon)是一位数学家和天文学家,他在著名的亚历山大博物院工作。作为一个传授和研究高深学问的场所,这个博物院有着悠久的历史,它始建于公元前 290 年前后,博物院内有当时世界上最大的图书馆,藏书多达 750 000 卷。图书馆旁还有一个研究院(相当于现在的大学),曾有一些大科学家,诸如欧几里得、阿基米德等在此传徒授业、研究学问。可是所有这美好的一切在公元前 47 年被改变了,是年罗马帝国的皇帝恺撒派兵焚毁停泊在亚历山大港口的埃及舰队,大火蔓延到市区,烧毁了博物院内的不少图书。公元前 30 年,罗马帝国占领埃及,亚历山大落入罗马人之手。希腊文化的传统从此逐渐走向没落,到了赛翁生活的时代,希腊数学已成强弩之末,博物院也趋于衰落。

那时的知识界和政界都是排斥妇女的,但赛翁却是一个不寻常的学者,他不遗余力地培养希帕蒂娅这个极有天赋的女儿,希望她成为一个完美的、不亚于男人的学者。在父亲的影响下,希帕蒂娅从童年时代起即显露出超人的才智。10岁左右,她已经从父亲那里学到了相当丰富的算术和几何知识,并懂得如何利用金字塔的影长和相似三角形知识来求得金字塔的高度。17岁的时候,她参加了关于芝诺悖论的辩论,并一针见血地指出其错误所在:先哲芝诺的推理包含一个不切实际的假定,即他限制了赛跑的时间。这次辩论使她名声大噪,所有亚历山大城的人都知道她是一个非凡的女子。

20岁以前,希帕蒂娅读完了几乎所有大数学家的名著,包括欧几里得的《几何原本》、阿波罗尼奥斯的《圆锥曲线论》、阿基米德的《论球和圆柱》、丢番图的《算术》等。除了数学,希帕蒂娅还读了不少希腊哲学家的著作,她特别推崇先哲柏拉图的思想。希帕蒂娅常常与其他学者一道讨论哲学问题,即便是在年长的学者面前,一点也不胆怯,大展其雄辩之才。赛翁骄傲地称希帕蒂娅是他的"哲学家女儿"。

约在公元390年的一天,希帕蒂娅乘坐一艘巨大的商船从亚历山大港起锚,驶向地中海北岸的雅典,这座著名的希腊城市曾是西方文明的中心。她去雅典的目的,是进一步扩大自己的知识领域,接受世界上第一流的学术成果。由于父亲的知识与亚历山大的藏书满足不了她日益增长的求知欲,希帕蒂娅出海来到这里求学。她在小普鲁塔克当院长的学院里进一步学习数学、历史和哲学。在这里她成为受人景仰的学者。当地的名流、学者不断来拜访她,真是门庭若市。有人向她请教数学,有人同她讨论哲理。希帕蒂娅性格开朗,举止大方,她的智慧和美貌给每个见到她的人留下了深刻印象。

二、一流学者

希帕蒂娅在雅典求学之后,又去意大利访问,约在公元395年回到家乡。这时的希帕蒂娅,已经是一个相当成熟的科学家了。之后她在亚历山大一边传徒授业,一边从事科学研究,在诸多领域都做出了极为出色的贡献。作为有历史记载的第一位女数学家,希帕蒂娅的工作推动了数学、天文、物理等各学科的发展。

首先,修订《几何原本》。希帕蒂娅时代距离《几何原本》成书已经六百多年了,由于当时没有印刷术,这本被抄来抄去的书,存在不少错误。希帕蒂娅同父亲一道搜集了各种版本,去伪存真,进行认真修订,并添加了许多评注,使新的《几何原本》更加适合读者阅读。这个修订本问世后,即受到广泛欢迎,被当时的学术界公认为最好的版本,大家争相传抄。史书上称其为"赛翁版《几何原本》",它可谓是当今各种版本的《几何原本》的始祖。

除了与父亲合作完成对《几何原本》的修订外,希帕蒂娅还独立写了一本《丢番图(算术)评注》,这是一项富有成效的工作。丢番图生活在3世纪的亚历山大,他的《算术》是一部代数问题集,其中不少问题非常难懂。希帕蒂娅为了帮助学生理解丢番图的代数学思想及方法,对他的著作进行了详细的评注,书中有不少属于她自己的新见解,还补充有一些新问题。有的评注写得很长,足以被看作一篇独立论文。她的这一工作促进了古希腊代数学的传播与发展。

希帕蒂娅还深入地研究了阿波罗尼奥斯的《圆锥曲线论》,并对此书做了详细的注释。在此基础上写出适于教学的普及读本,以及写过几篇研究圆锥曲线的论文。圆锥曲线包括椭圆、抛物线、双曲线,这些重要曲线,直到17世纪才重新引起一些著名数学家的重视和研究。

丢番图的《算术》和阿波罗尼奥斯的《圆锥曲线论》是流传至今的两部非常重要的古希腊数学著作。希帕蒂娅的评注也随这两部书流传下来,使我们得以窥见这位女数学家的智慧。

此外,希帕蒂娅还写过天文学专著。她曾协助父亲补注托勒密的《天文学大成》,独立写了《天文准则》等。另外有证据显示,希帕蒂娅在科学上最为知名的贡献,是发明了天体观测仪(比如星盘)以及比重计。

在哲学领域,她讲授新柏拉图哲学,这一哲学流派将柏拉图学说与毕达哥拉斯、亚里士多德学说综合在一起,其核心内容是物质的统一性与等级结构学说,具有明显的数学基础。当时的雅典强调这种哲学的神秘性和排他性,希帕蒂娅接受了新柏拉图主义的基本思想,但她不追求神秘性,也不排斥其他哲学流派。她赞成一种宽容的新柏拉图主义,主张把哲学用于科学,在与其他流派并存的自由气氛中发展自己的哲学体系。她的哲学观点受到广泛的欢迎,并在亚历山大迅速传播。正如当时的一位学者所说:"哲学已经离开了雅典,由于希帕蒂娅的辛勤培植而在亚历山大昌盛起来"。

可惜的是,希帕蒂娅的著述几乎都已失传。到15世纪末,在梵蒂冈图书馆发现希帕蒂娅原著的一些残页,可能是由于君士坦丁堡沦陷而落入土耳其人手中的手稿辗转流落到那里,这成为研究她的学术思想的重要资料。不过,其真正的数学科学成就已淹没在时间的长河里,无法被得知。如今的我们依然知道的是,这位集美貌与才智于一体的奇女子,为了她的理想,投身于她喜爱的科学与哲学世界,终生未婚。犹记得她对每一个求婚者都意味深长地说:"我只愿嫁给一个人,他的名字叫真理。"

三、虽死犹生

话说希帕蒂娅从海外归来后,便成为亚历山大博物院里的教师,主讲数学和哲学,有时也讲授天文学和力学。她不仅学识渊博,而且循循善诱,讲话如行云流水,引人入胜。许多青年从四面八方聚到亚历山大,拜她为师。几年以后,希帕蒂娅便成为亚历山大最引人注目的学者。教学之余,她经常与各地学者讨论科学或哲学问题。

希帕蒂娅在亚历山大积极讲授与传播新柏拉图哲学,强调哲学与科学,尤其是哲学与数学的结合。她崇尚自由、民主,反对宗教束缚和专制。公元400年前后,希帕蒂娅已是亚历山大新柏拉图学派的领袖。她常常披着一件古代哲学家喜爱的斗篷,在市中心的广场上发表演讲,展开哲学问题的辩论。她的博学、雄辩及平等的态度,吸引了无数的听众。她的人格受到广泛赞誉,在当时的学者圈中,没有第二个妇女可与她媲美。

希帕蒂娅的精彩演讲也吸引了城里的许多官员,其中有亚历山大行政长官奥雷斯特斯(Orestes)。奥雷斯特斯钦佩希帕蒂娅的学识与为人,经常向她请教各种问题。在哲学和政治方面,两人有许多共同语言,逐渐结成莫逆之交。她不会料到,正是她与政界要人的交往,引发了一场悲剧,而她自己则是这场悲剧的主角。

公元415年3月的一天,希帕蒂娅如往常一样,坐着马车去博物院讲课,传播她的思想。当马车行至一个教堂的门口,一群暴徒冲过去,拦住马车。他们把希帕蒂娅从马车上拉下来,拖进教堂里,施行了惨无人道的暴行。一位才华横溢、善良、美丽的女数学家就这样遭到野蛮、残忍、无情的杀害,悲壮地离开了人间。

希帕蒂娅的惨死标志着新柏拉图学派在亚历山大和整个罗马帝国活动的结束,也标志着希腊科学发展的终结。希帕蒂娅死后,她的学生和追随者纷纷离开亚历山大。随后占星术和神学逐渐代替了科学研究。从公元5世纪后期开始,欧洲进入了漫长的中世纪。

不过,希帕蒂娅并没有被人们遗忘。她死后,亚历山大到处传诵着她的业绩,赞扬她的智慧和为人,感叹她的不幸遭遇。希帕蒂娅死了,但她播下的科学种子却没有死亡。后来,一些学者带着她修订过的《几何原本》,带着阿基米德、丢番图等大数学家的著作和其他科学家的著作来到拜占庭,使希腊科学的种子在阿拉伯世界生根、发芽、开花、结果。15世纪,古希腊的科学成果反传回欧洲冲破了中世纪的黑暗,引起了一场史称"文艺复兴"的伟大运动,成为近代科学的开端。在人们所敬仰的那些为古希腊科学做出重要贡献的优秀学者中,便有希帕蒂娅的名字。

千百年来,希帕蒂娅被各族人民深深怀念着。她成为许多歌剧和小说的主人公。影响最大的是1853年出版的金斯利(C. Kingsley)的小说《希帕蒂娅》,小说中的希帕蒂娅栩栩如生,再现了她的聪明、美丽、执着和善良。2009年,希帕蒂娅的传奇故事被改编成西班牙电影《城市广场》(Agora)搬上银幕,为我们带来一曲苍穹下的女神的生命之歌。为了纪念希帕蒂娅,人们把月亮上的一座环形山命名为"希帕蒂娅山"。希帕蒂娅没有肖像传世,但在后世作家与艺术家的想象中,她具有女神雅典娜般的美貌。这位以绝世才华和贡献跻身于古代世界最优秀的学者之列的聪慧女性,其美丽身影将镌刻在后世人的心间。

法国科学史上的杰出女性:热尔曼

苏菲·热尔曼(Marie-Sophie Germain,1776—1831)是19世纪的法国女数学家。她不仅在数论领域里做出有极为重要的贡献,而且是数学物理学的奠基人之一,在哲学方面也有很深的造诣。从她不懈的奋斗历程里,我们可以阅读到这位奇女子非常独特的人格魅力。

苏菲·热尔曼

一、少年时代

热尔曼于1776年4月1日出生在法国巴黎。她的父亲安布罗斯是一个丝绸商人,曾当选为法国议会议员,后来成为法国银行的理事。由于父亲学识渊博,朋友如云,家里常有学者前来聚会,一起讨论各种哲学问题,这对小热尔曼有着潜移默化的影响。热尔曼识字之后,喜欢在家里的图书室看书。她聪明好学,尤其喜爱读科学家的传记。13岁那年,她无意中阅读到古希腊数学家阿基米德(Archimedes)的故事,深受感动。法国数学家蒙图克拉(J. E. Montucla)在《数学的历史》一书中是这样记载的:

阿基米德生活在叙拉古(Syracuse,今属西西里岛),在相对平静的环境中研究数学。但是当他75岁时,和平被罗马军队的入侵所破坏。一个罗马士兵走近阿基米德,向他问话。此时的阿基米德正全神贯注地研究沙盘上的一个几何图形,以至没顾上回答问题,他甚至埋怨士兵妨碍了他的研究!结果,他莫名其妙地被士兵杀死了。

这段故事让热尔曼深受触动,她想:天哪,数学居然能使人痴迷到忘记生死的程度,它必然是这世界上最迷人的学科!从此,她立志长大后当一名数学家。

当时的法国公立学校不招收女生。于是热尔曼自学了拉丁语、希腊语，并开始阅读牛顿、欧拉等数学大师的著作。她废寝忘食地阅读，最初引起了父母的反对。他们觉得学校历来不招收女生，女孩子更不必读那么多书。但父母夜晚夺走油灯、关闭暖炉，早上看到的却是点剩的蜡烛和结冰的墨汁，才知道她对数学是如此着迷。疼爱她的双亲被感动了，由阻挠变成了支持，她从父亲那里得到许多指导。

18岁时，热尔曼已经打好了牢固的数学基础，但家里的图书室已经不能满足她的求知欲了。恰好在那一年，中央公共工程学院在巴黎成立了。它就是后来法国最顶尖也是最负盛名的巴黎综合理工大学(École Polytechnique)，著名数学家拉格朗日、蒙日(G. Monge)等都在那里任教。令热尔曼失望的是，这所大学同其他大学一样，也是不招女生的。

一心求学的热尔曼设法收集该校的讲义和课堂笔记。当她听说一个名叫勒布朗的男生曾在这所学校注册后又因故离开了巴黎，便化名勒布朗，取得了学校给后者的学习材料和习题，并且每周以她的化名上交作业。几个月后，拉格朗日——这门课程的老师——再也不能无视这位"勒布朗先生"在习题解答中表现出的才华。在赞赏之余，拉格朗日要求约她面谈。当他知道这位"勒布朗先生"原来是一位19岁的姑娘时，很是惊奇。拉格朗日对热尔曼赞誉有加，说她在数学上很有前途，并自愿担任她的导师，从此经常指导热尔曼学习数学。

二、与大师数学对话

1800年前后，伴随着勒让德(A. M. Legendre)的《数论》和高斯的《算术研究》这两部巨著的出版，数论——这门研究整数性质的学科已逐渐凸显其"数学的女皇"气质——成为一门比较成熟的学科。数论中那些奇妙的性质及优美的证明深深地吸引了热尔曼，她如饥似渴地学习，这些书对她的学术生涯产生了巨大影响。不过，热尔曼的进步除了自学外，主要得益于与几位数学大师的交流和学习。其中最为人称道的，是她与高斯的数学友谊。

高斯在1801年发表的《算术研究》里，系统总结了前人的工作，并解决了一批困难的历史名题。热尔曼熟读了高斯的著作，得出自己的一些新结果。1804年，她决定直接给高斯去信，讨论数学问题。尽管那时热尔曼在巴黎已小有名气了，但她仍担心高斯会因她的性别而不认真对待，于是再次使用了化名"勒布朗先生"给高斯写信。她对高斯的敬畏可从信中看得很清楚：

不幸的是，我智力之所能比不上我欲望的贪婪。对于打扰一位天才我深感鲁莽，因为除了所有他的读者都必然拥有的一份倾慕外,别无理由蒙其垂顾。

高斯在仔细阅读了她信中的数学见解后,对她的工作给予很高评价,并把她视为自己的知音,他在回信中说:"我很高兴数学找到了你这样有才能的朋友。"

从此,两人常在通信中讨论数论问题。但高斯并不知"勒布朗先生"的真实身份,不知她是一个女子。热尔曼从高斯的信中受益匪浅,而她的创造性思维有时也激发了高斯的灵感。

"勒布朗先生"的身份一直保持到 1806 年,这一年法军入侵普鲁士,随后攻占了汉诺威,高斯的住处离此城不远。热尔曼担心历史重演,害怕"阿基米德之死"的厄运降临到高斯身上。便拜托她的朋友——前线指挥官帕尼提将军——保证高斯的安全。这位将军原本没有加害高斯的打算,收到热尔曼的信后,立即约束他的士兵,不让他们伤害高斯这样的科学家,还特意派了一个使者去问候高斯的安全,并提到热尔曼对他的关心。高斯终于知道:勒布朗先生原来就是热尔曼的化名!他并没有因此生气,还给热尔曼写了一封热情洋溢的信:

在晓得我一向尊敬的"勒布朗"先生竟变成做出如此辉煌成就的苏菲•热尔曼时,你可以想象我的惊讶和仰慕之情了。你的表现,实在是令人难以相信的范例!一般而言,对抽象的科学,尤其是对神秘的数论的爱好是非常罕见的。这门高尚的科学只对那些有勇气深入其中的人展现其迷人的魅力。而当一位在世俗的眼光看来一定会遭遇比男子多得多的困难才能通晓这些学问的女性终于成功地越过种种障碍洞察其中最令人费解的部分时,那么毫无疑问她一定具有最崇高的勇气、超常的才智和卓越的创造力。事实上,还没有任何东西能以如此令人喜爱和毫不含糊的方式向我证明,这门为我的生活增添了无比欢乐的科学所具有的吸引力绝不是虚构的,如同你的偏爱使它更加荣耀一样。

信的落款时间是"1807 年 4 月 30 日"。

自此高斯更加热情地指导热尔曼进行数论研究,不仅是有问必答,还常常主动向热尔曼介绍新思想、新成果。高斯的来信对热尔曼的研究工作起到很大促进作用,但这种联络一年后随着高斯被聘为哥廷根大学的天文学教授,之后他的兴趣从数论转移到应用数学而结束。

在她与高斯的数学对话中,有很大一部分内容是关于数论中的一个著名猜想——费马大定理的,这个猜想源自法国数学家费马于 1637 年前后写在丢番图的《算术》第二卷第 8 命题边上的一段注记:

要将一个立方数分为两个立方数,一个四次幂分为两个四次幂,一般地将一个高于二次的幂分为两个同次幂,都是不可能的。对此,我确信已发现一种美妙的证法。可惜这里空白的地方太小,写不下。

若用现代术语可简述如下:当 $n>2(n\in \mathbf{N})$ 时,不定方程 $x^n+y^n=z^n$ 没有正整数解。

费马先生的这个断言看似十分简单却极难证明。在费马逝世后,人们试图找到他对这一定理的证明,但翻遍他的遗稿和藏书也未能如愿。在其后 350 多年的时间里,有无数数学家加入寻找这一证明的行列,其中不乏那些显赫的名字——如欧拉、勒让德、库默尔……直到 20 世纪 90 年代才由英国数学家怀尔斯(Andrew Wiles)获得完整的证明。

回望历史,热尔曼在深入研究了费马、勒让德和高斯的著作后,采用了一种新的策略来攻克费马大定理,不再像前人那样证明一个个特殊的情形,而是一下子即可得出适合许多情形的解答。她的贡献后来以"热尔曼定理"著称:

若 n 是一个素数,且 $2n+1$ 也是素数,则方程 $x^n+y^n=z^n$ 没有第一类的正整数解,即若有 x、y、z 满足上方程,则其中必有一个能被 n 整除。

热尔曼的这一定理以及其推广随后即成为数论的一块基石,为后人攻克这一著名难题点亮了第一盏希望的明灯。在此基础上,诸多数学家做了进一步的工作,使得费马大定理对于越来越多的 n 都成立。许多年之后,迎来了怀尔斯等数学家们的伟大工作。

除了研究费马大定理,热尔曼还证明了高斯的几个未证明的数论定理,并与高斯共同解决了一些曾困扰高斯和拉格朗日的数论和矩阵方面的问题。她还与高斯讨论天文问题,从中可以看出她对拉普拉斯天文理论的深刻理解。她在与勒让德的通信中,也提出并证明了一些新定理。1808 年,勒让德的《数论》再版时,便包含了热尔曼的成果,其中有些内容以热尔曼的名字命名,如热尔曼数。

除了数学,热尔曼在数学物理学方面也做出了重要贡献。早在 1816 年,她因解决克拉德尼问题而获得法国科学院的奖金和金质奖章,成为第一位获此殊荣的女数学家。1821 年,热尔曼在巴黎发表了题为《弹性曲面理论研究》的获奖论文。这篇论文是早期数学物理方面的重要成果,构成弹性力学的基础。这里还值得一提的是,其中涉及的平均曲率概念是热尔曼首次引入的。热尔曼的成就赢得了科学界的赞誉。普隆尼伯爵称赞她是"19 世纪的希帕蒂娅"。学者纳维埃则风趣地写道:"这是一项只有一个女人能完成而只有少数几个男人能看懂的巨大成就。"

1831 年,热尔曼发表了她的最后一篇论文《关于曲面曲率的报告》。文中进一步阐述了平均曲率的概念及其应用,对弹性理论和微分几何做出新的贡献。热尔曼的弹性理论在工程技术中得到广泛应用,特别是在建造作为巴黎标志的埃菲尔铁塔时发挥了重要作用。工程师们应用了她的成果,特别注意到所使用材料的弹力属性。非常遗憾的是,为了表彰和纪念刻在埃菲尔铁塔上的72位专家名单中,竟然没有热尔曼的名字!

此外,热尔曼还对哲学也很感兴趣。她写过两篇关于思维的文章,一篇是《思维的多样性》,另一篇是《思维的一般性》。第一篇写于青年时代,包括当时各自然科学分支的简介,认为数学和物理居于主导地位。她的第二篇论文受到法国著名哲学家孔德(A. Comte)的赞扬。由于热尔曼的早逝,她未能像预计的那样对哲学进行更系统的研究。她死后,哲学作品由侄子赫伯特(Herbert)发表,书名为 *Oeuvres philosophiques de Sophie Germain* (Paris,1879)。

三、 法国数学花木兰

21世纪的年轻一代再次阅读这位传奇女性的故事,或许有诸多感动。在那对女性充满偏见的时代,仅仅因为是一位女性许多大门就对她关闭了。尽管在热尔曼正当盛年时即在数学与物理等领域上做出了非常出色的贡献,但她一生没有得到任何学位和职务。直到1831年,在高斯的大力推荐下,哥廷根大学同意授予热尔曼荣誉博士学位。遗憾的是,她在即将获得这一荣誉之前,不幸因病离世。

科学研究是热尔曼生命的全部,直到去世前几个月,她仍然孜孜不倦地做学问,不知病魔正在吞噬她的生命。1831年6月27日,她怀着不平和遗憾离开了那个重男轻女的社会,享年55岁。其死亡证明书上这样记录她的身份:"无职业未婚妇女"。她被葬在巴黎的一个公墓里,墓前有一块小石碑。

热尔曼的成就说明她是科学界的一位杰出女性,正如后来的一位学者所说的,她是"法国历史上具有最深刻思想的妇女"。这位传奇女性在其去世多年后,终于赢得了自己应有的荣誉:而今的巴黎市有一条街道以她的名字命名——苏菲·热尔曼街,有一所高中以她的名字命名——苏菲·热尔曼学校,当下的法国数学界有一重要的奖项以她的名字命名——苏菲·热尔曼奖。法国人终于用这种方式表达了对这位闯入数学理性王国的女性的敬意!

数学世界中的第一位女博士:索菲娅·科瓦列夫斯卡娅

一、 墙上的数学魅力

"这是什么?"

当帕里比诺庄园主的小女儿在庄园里闲逛时,忽然发现在墙纸上印着些奇怪的文字与符号。她好奇地睁大眼睛来回审视着这些符号,开始了深思……原来,庄园的女佣由于临时急用,把庄园主在学生时期用过的微积分课本撕开,将这些纸页当作糊墙纸贴在墙上。

这位名叫索菲娅的 11 岁小女孩居然对上面奇怪的数学符号和公式产生了浓厚的兴趣,她试图要弄懂这些符号背后的含义……

这个故事中的小女孩就是后来成为著名数学家的索菲娅·科瓦列夫斯卡娅(Sofia Kovalevskaya,1850—1891)。

索菲娅·科瓦列夫斯卡娅

索菲娅于 1850 年 1 月 15 日出生在莫斯科的一个贵族家庭。她的父亲是一名退役的炮兵将军。索菲娅从小就受到了良好的家庭教育,和姐姐一起在家庭教师监护下长大,学习外国语和音乐。

在很小的时候,索菲娅就对数学很痴迷。正是叔叔克鲁科夫斯基(P. V. Krukovsky)的引导和点拨,点燃了她对数学的无比热情。在她的记忆里,尽管在那时候这些知识还无法掌握和理解,但它们激发了她的想象力,使她对数学产生了崇高的敬意,引领她走入一个新的奇幻世界。

孩子们住的房间,因从彼得堡运来的糊壁纸不够用,所以用她父亲青年时代读过的高等数学课本的纸页来裱糊。索菲娅小时候常常站在房间墙壁前几小时研究这奇怪的墙纸上的文字和符号,这里到底隐藏有怎样的一些数学秘密呢?她试图弄懂它们的含义,以及确定这些书页数原先的正确顺序。这墙纸上的一些东西在她记忆中留下深刻的印象。差不多 14 岁时,她竟然看懂了邻居基尔托夫教授送给她的物理学教科书中使用的三角公式的意义,父母为此而感到骄傲。在她 15 岁的时候,父母同意她利用冬季居住在彼得堡期间去学习高等数学。

多年后,索菲娅在她的《童年回忆》一书中写道:

当我 15 岁时,从彼得堡的著名数学教师 A. N. 斯特兰诺留勃斯基那儿学习微积分,他对于我的迅速明白和消化一些数学名词和导数的一些概念大为惊奇,好像我以前早就知道它们了。我还记得这是当时他的看法。事实上是当他解释那些概念时,我马上很鲜明地记起了那些正是我以前在"糊墙纸"上所见过的,但当时还不了解意思的问题,而这些东西我早就熟悉了。

二、艰辛的求学路

当时的俄国,正处于由农奴制向资本主义过渡的时期。社会上普遍存在着歧视妇女的现象,沙皇政府根本不允许妇女进入高等学校学习。在这种情形下,索菲娅要想继续读书深造,唯一的途径只有出国求学——到欧洲去,那里的思想相对而言开放得多。

为了摆脱家庭的束缚和争得出国的机会,索菲娅便采取了一种"假结婚"的方法:选择一个志同道合且也想出国的男子,形式上结为夫妻,以便不受家庭的束缚一起出国。于是经过一番周折之后,索菲娅不顾父母的反对,在1868年秋与年轻的古生物学家弗拉基米尔·科瓦列夫斯基(Vladimir Kovalevski)"假结婚"。第二年,他们终于得以出国,一道来到了德国海德堡。

海德堡大学创立于1386年,是德国最古老的,也是最受尊敬的大学之一。在经过一番努力后,索菲娅终于获得大学当局的允许,在这所古老的学府旁听课程。在接下来的三个学期里,她修读了数学、物理、化学和生理学等诸多大学教程。在所听到的一些著名学者的课中,索菲娅最喜欢的是柯尼斯伯格教授开设的一门新课——"椭圆函数论",这门课让她着了迷,课中包含有严密、精巧而深刻的数学理论,而且柯尼斯伯格教授经常在这门课上热情颂扬他的导师——当时欧洲最负盛名的数学大师之一——魏尔斯特拉斯教授。于是,索菲娅心怀敬仰之情,决心到柏林去,跟随数学大师魏尔斯特拉斯教授钻研数学。

她的选择是对的。这位富有传奇色彩的现代分析学大师已经55岁了,他已在数学分析、解析函数论、变分法等许多领域做出了极为出色的贡献。更为难得的是,这样一个声名显赫的大数学家,和蔼可亲,从不摆架子,且乐意帮助年轻人。索菲娅于1871年前后抵达柏林,她希望可以直接到柏林大学听课。可是遗憾的是,即便有魏尔斯特拉斯的大力举荐,柏林大学当局还是拒绝了索菲娅的听课申请。所幸在最初几次的面谈中,魏尔斯特拉斯已知晓了她在数学科学上有着极高的素养与天赋,于是破例答应索菲娅,每周日在自己家里给她授课。就这样,索菲娅在魏尔斯特拉斯的悉心指导下学习了4年。在这4年的时间里,索菲娅系统地学习了椭圆函数论及其应用、综合几何学、阿贝尔函数、复变函数和变分法等诸多课程。她后来回忆这段经历时如是说:"这样的学习,对我整个数学学习生涯影响至深,它最终决定了我以后的科学研究方向。"

自1871年至1874年的这4年,创造了数学历史上的一段传奇。在这些年里,魏尔斯特拉斯为培养年轻的索菲娅倾注了心血。索菲娅亦学习刻苦,专心致志,魏尔斯特拉斯在给友人的信中提到,索菲娅酷爱数学,一接触到数学,就忘记生活中的一切。

在魏尔斯特拉斯的鼓励和指点下,索菲娅写出了三篇出色的论文,其研究主题涉及偏微分方程理论、阿贝尔积分和有关土星光环等课题,在欧洲数学界引起了强烈的反响。1874年夏,在魏尔斯特拉斯的推荐下,24岁的索菲娅·科瓦列夫斯卡娅绕过了可能对妇女有偏见的面试和答辩环节,凭借其出色的论文获得德国哥廷根大学的博士学位。她是数学史上的第一位女博士。

三、 数学公主的贡献

获得博士学位后,索菲娅·科瓦列夫斯卡娅怀着一颗赤子之心回到祖国,可是俄国还是同她出国前一样黑暗。由于在大学里找不到教职,科瓦列夫斯卡娅用了很多时间从事写小说、戏剧与评论的工作。在俄国从事数学研究的理想破灭后,1881年她又回到了柏林,在魏尔斯特拉斯的建议之下,开始研究光线在晶体中的折射问题,尔后又到过巴黎。在米他格·莱夫勒的帮助下,科瓦列夫斯卡娅于1884年到斯德哥尔摩大学任教,随后即被正式聘为高等分析教授。1889年,她被任命为数学终身教授。1891年,正当她的事业如日中天时,不幸因病在斯德哥尔摩英年早逝。

在其短暂的41年的生命历程中,科瓦列夫斯卡娅为数学科学的发展做出了重要的贡献。她的一生只发表过10篇数学论文,这些论文是在两段时间内完成的。一是从1871年到1874年,当时她正在导师魏尔斯特拉斯教授的指导下学习数学。这段时期的论文重点基本上是放在分析中的理论问题上。二是从1881年至1891年去世,这一段时间她主要是在欧洲各国四处漂泊,其研究重点在力学和数学物理方法上。

在数学上,科瓦列夫斯卡娅的第一项重要工作出现在偏微分方程领域。早在19世纪30年代,法国数学家柯西就提出微分方程的初值问题,并研究了简单的偏微分方程组的初值问题解的存在性和唯一性。科瓦列夫斯卡娅将柯西的结果推广到包含m阶时间导致的m阶方程组的情形,并给出了更为广泛类型的偏微分方程组初值问题解的唯一存在性定理的证明,这一定理现以柯西-科瓦列夫斯卡娅定理著称,是偏微分方程基本理论中最普遍的存在性定理——可谓是偏微分方程领域所有未来研究的起点。

科瓦列夫斯卡娅的另一项重要的研究工作是关于刚体绕定点旋转这一经典问题的。数学家们关于刚体相对于定点的运动这一研究已经有100多年的历史,即便有欧拉、拉格朗日等大师参与其中,也没有解决这一难题。因此,它被戏称为"数学水妖"。1888年,科瓦列夫斯卡娅借助于阿贝尔函数理论,突破性地解决了这一数学问题,因此获得法国科学院的"鲍汀奖"。其论文被学术委员会一致认为超出了预期的水平,于是奖金也从3000法郎提高到5000法郎。她的这项研究令整个欧洲科学界为其喝彩,魏尔斯特拉斯则无比欣慰地说,这是他晚年最大的快乐。

此外,科瓦列夫斯卡娅还在简化阿贝尔积分的计算、土星光环的构造、光在晶体中的折射等问题的研究上取得重要成果。

除了在数学、物理方面的成就,科瓦列夫斯卡娅还是争取妇女解放的先驱、社会活动家和出色的作家。她创作了一系列剧本、小说、诗歌和随笔,其中很多都是生前未曾发表的。较为著名的作品是她的自传体小说《童年的回忆》、话剧《为幸福而战》和中篇小说《女虚无主义者》。

索菲娅·科瓦列夫斯卡娅一生都在百折不挠学习数学,也为争取妇女自由而做出各种艰苦努力,她不仅是数学界的传奇与女性的骄傲,更是妇女攀登科学高峰的光辉榜样。

数学界的雅典娜:埃米·诺特

对大多数人来说,埃米·诺特(Emmy Noether,1882—1935)是一个陌生的名字,尽管她被阿尔伯特·爱因斯坦形容为数学历史上最伟大的女性。在她的有生之年,埃米·诺特开创了一门名为"抽象代数"的数学学科。代数,这个使得无数最有天赋的数学家忙碌了几个世纪的领域,因为她所发现的方法,对当代年轻一代数学家的发展造成极为重要的影响。在物理领域,她提出的"诺特定理",架起一座连接守恒律和自然界中的对称性的科学桥,作为当今理论物理的中心结果之一,它依然是 21 世纪物理学的一盏指路明灯。诺特以独特的人格魅力,深受同事和学生的尊敬和爱戴,也极大地影响了许许多多的年轻数学家。

埃米·诺特

一、成长与奋斗

1882 年 3 月 23 日,埃米·诺特出生在德国埃尔朗根的一个犹太裔家庭,她的父亲马克斯·诺特(Max Noether)是埃尔朗根大学的数学教授。埃尔朗根大学还有一位著名数学教授名叫保罗·戈尔丹,被誉为"不变式之王"——自其 1874 年来到埃尔朗根后,就成了诺特父亲的密友,常来她家做客。在他们的影响下,小诺特对数学很是喜爱。

在诺特的中学时代,她对那些为培养女孩子的教育——宗教课、钢琴、跳舞等——都不感兴趣,只有对学语言还比较喜欢。因此,这位从小高度近视、长相平常的女孩子的智力活动倾向于向语言方面发展。中学毕业后,她顺利通过当法语和英语教师的考试,取得了担任语言学教师的资格。

不过,1900 年的那个秋天,诺特改变了主意——她不想一辈子以教语言学为生,因为数学对于她太有吸引力了,于是她决定到她父亲的大学里去听课。当时,大学里不允许女生注册,所幸她们可以旁听。大学的几百名学生里只有两名女生,诺特大大方方地坐在教室前排,认真听课,刻苦学习。后来,她勤奋好学的精神感动了主讲教授,破例允许她与男生一样参加考试。1903 年 7 月,诺特顺利通过大学考试。

同年冬天,她来到著名的哥廷根大学,旁听了希尔伯特、F. 克莱因、闵可夫斯基(Hermann Minkowski)等数学大师的讲课,受到了极大的鼓舞,更加坚定了献身数学研究的决心。一个学期后,诺特听到埃尔朗根大学允许女生注册读书的消息,她随即赶回母校注册学习,攻读数学。1907 年年底,她以优异的成绩通过了博士考试。

她的博士学位论文的主题是《n 元形式的不变式理论》,指导教师正是戈尔丹。这篇论文可谓是一座公式的丛林,满篇都是符号演算。最后给出一张完整的表格中,列出三元四次型共变式的完全组,共有 331 个。这真是件令人看了惊叹不已的工程啊!想不到未来的抽象代数学的缔造者最初却是按部就班地构造出她的所有结果来的。

她对戈尔丹的依赖并没有延续多久,1910 年戈尔丹退休,1912 年去世。随后诺特在恩斯特·费希尔(Ernst Fischer)的指引下,继续研究不变式理论——不过她的研究方式渐渐地从戈尔丹的公式化转变到了希尔伯特研究方式。

1916 年,应希尔伯特和 F. 克莱因的邀请,诺特第二次来到哥廷根。希尔伯特十分欣赏诺特的才华,想帮她取得在大学教书的授课资格。但是那些哥廷根教授会中的语言学家和历史学家们却极力反对,他们的理由是她是女人。希尔伯特生气极了,有一次在教授会上愤愤地说:"先生们,我不明白为什么候选人的性别是阻止她取得讲师资格的理由。归根结底,这里毕竟是大学而不是洗澡堂。"也许正是此举激怒了其他人,诺特没有被批准。于是她只能以希尔伯特的名义讲授课程,一直到 1919 年才当上讲师。

在 F. 克莱因和希尔伯特的思想影响下,诺特在 1918 年前后发表了两篇重要论文。在其中的一篇论文里,诺特为爱因斯坦的广义相对论提供了一种纯数学的严格证明;而在另一篇论文里,她提出了著名的诺特定理,其中蕴藏有把不变量同守恒律联系在一起的重要思想。

此后,诺特逐渐走上了完全独立的数学研究道路——创建抽象代数学,而这正是现代代数学的起点。

二、 抽象代数学的缔造者

古典的代数学主要是利用符号代替具体的数字来进行计算。到了 16 世纪,代数学的首要问题依然是解方程——不过关注点从原先的低次方程转到了高次方程。在经过 300 年的等待,主要是源于法国天才数学家伽罗瓦(Évariste Galois)的工作之后,人们才逐渐认识到,数学的对象除了"数"与"形",还有"群"和"域"这类的抽象东西。进一步的研究表明,在数学中,群几乎无处不在,不仅如此,群还可以是数学统一性的象征——不单能使几何学统一在它的旗帜下,说不定整个数学都能用群来加以统一。在伽罗瓦创立域论之后,戴德金(Richard Dedekind)引进了代数数域的概念,不过抽象的域理论一直到 1910 年斯坦尼兹(Ernst Steinitz)才开始形成。

基于这样的背景,诺特开启了她的代数学研究之旅。1919 年,诺特从不变量研究转向理想论。她用自己独创的思想、概念、公理来思考,整天与同构、同态、模、剩余类、理想打交道,不再搞那些一眼望不到边的计算。1921 年,她完成了《环中的理想论》这篇重要论文,这是一项非常了不起的数学创造,展示着抽象代数学的真正开端。正是她所开辟的这条抽象代数的途径,将完全改变了代数学的面貌。

诺特在创立抽象代数理论时,吸收了许多前辈数学家的思想,再用自己的方法加以整理提炼,产生了惊人的结果。对她影响最大的数学家可以说是戴德金。她说过,她的研究很多"已经在戴德金的著作中就有",这不仅反映出她的谦虚,也说明她既善于学习又能独立思考、消化前人成果,汇成自己的思想体系。

她在抽象代数领域的研究是从理想论开始的。不过"理想"这个概念并不是她的发明,而是百年以来代数数论发展的自然结果。理想的另外一个来源是代数几何学。代数数论的研究源于在整数集合上的不定方程的求解问题,而代数几何学的主题是研究某些多项式集合的零点问题。埃米·诺特通过对这些具体实例的考察,抽象其共同特征,得到环和理想的一般概念,进而研究其中最重要一类环,即每个理想都满足升链条件——这类环被称为"诺特环"。

诺特用这种抽象公理方法推广和证明了以前的一些结果,诸如多项式环的准素分解定理、希尔伯特的零点定理。在 1925 年的一篇论文中,她用五条公理来刻画一类包含代数整数环在内的环(这类环如今叫作"戴德金环")。她证明对于这类抽象的环,戴德金证明的理想唯一分解为素理想的乘积的定理也成立。这些结果彰显其抽象公理方法的巨大力量。

通过这些定理的证明,她奠定了交换环论及其应用的基础。五六十年来,交换环论不仅理论获得巨大的发展成为代数学一门重要分支,而且在代数几何、代数数论、拓扑学、多复变函数论,乃至组合理论上都有重要的应用。

在 1925 年结束交换环论的主要工作后，诺特又向现代数学的另一大领域进军——这个领域正是结合代数的理论。她运用自己独特的方法建立了系统的非交换代数理论，再次显示出其深刻的洞察力，把以前平行发展的几个理论——群表示理论、模理论与理想理论统一成为一个一般的非交换代数理论。

1929 年，诺特提出一般的"交叉积"概念，这推广了以前的循环代数概念。这些概念对于代数数论有着极为重要的影响。诺特清楚地看到，她所发展的结合代数的理论对于代数数论的重要分支——类域论来说也是重要的工具。她把类域论建立在结合代数的基础上，同时和哈塞(Helmut Hasse)、布劳尔(Richard Brauer)一起证明了长期猜想的"代数主定理"：代数数域上任何中心单代数都是循环代数。这是抽象代数方法的一个伟大胜利。

埃米·诺特也因此获得了极大的声誉，被誉为"现代数学代数化的伟大先行者""抽象代数之母"。这位非凡的女性，用一系列卓越的数学创造震撼了数学界，跻身于 20 世纪最伟大数学家的行列。著名数学家贾柯勃森(Nathan Jacobson)曾说过：

埃米·诺特是本世纪(20 世纪)最有影响力的数学家之一。抽象代数的发展是 20 世纪数学最瞩目的创新之一，这在很大程度上要归功于她——在发表的论文、讲座以及对同时代人的个人影响中。

在数学上，诺特的思想是如此突出，以至于她的名字成了一个形容词。在当今的许多数学文献中，都可以见到"诺特"的身影。

三、 诺特的孩子们

埃米·诺特一辈子没有结婚，她把全部精力献给她热爱的数学。她也很喜欢与别人进行学术合作与交流。在数学科学的舞台上，她完全没有私心，总是把自己的思想告诉同事和学生，甚至让他人发表。也许正是这样，诺特的周围集中了大批学生，他们形成了一个非常热闹的大家庭，而这些当时才二三十岁的年轻人往往被称为"诺特的孩子们"，有男孩子也有女孩子，许多人后来也成为著名的数学家。

诺特在哥廷根最活跃的时期是 20 世纪 20 年代。战后的德国经济萧条，民生凋敝，年轻人关心"德国到何处去"。1920 年前后，她终于获得了讲课资格，意味着可以靠讲课从听课学生那里收费。1922 年升为编外副教授，但是这只是个空头衔，没有什么薪水。1923 年在大家努力争取之下，诺特终于有了一点点薪水，每月 200 至 400 马克，还得每年经教育部批准。她就是靠这点薪水维持她那极为朴素的生活。

在开始讲课的时候，诺特的教学才能不能算太高明，讲课内容缺少系统性，不连贯,没有整理成为一个完善的形式。但是亦有其独到之处,她往往把自己独创的思想讲出来,而且充满非同一般的热情。因此对感兴趣的学生来说,她讲课很富有启发性,常常激发学生们主动思考,而在课下她喜欢同学生们一起讨论,许多结果就是讨论以后由学生整理成的完美形式。

和希尔伯特一样,她喜欢同学生一起散步,热烈地讨论问题,有时连下雨也感觉不到。有一段传说是这样的:诺特有一把旧伞,可是却不怎么用,有人看不过去,建议她去修补修补,诺特却回答说:"你说得不错,不过很难办到,因为要是不下雨,我就想不到雨伞,而要是下雨,我就需要用伞了。"还有人玩笑地说,诺特总是在相同的时间,在同一个小饭馆里,坐在同一个座位上,吃着同一种简单的饭菜。她没有时间烧饭,不过在星期天她也在她那阁楼的小厨房中烧点饭菜,但是总是招待她的学生。吃完午饭后,就一起出去散步,谈数学,在乡下走很长很长的路,累了就坐在草地或木头上继续讨论。晚上回来,诺特在厨房里为他们准备布丁,同时不停地讲她的数学。许多年轻学生就是通过这种"散步教学"吸收诺特的思想的。

那个时期的哥廷根大学数学系中,最活跃的是诺特和她的数学圈子。相比之下,那些正教授加在一起所培养出来的学生却少得多。是的,诺特她喜欢同年轻人在一起,她教过许多学生,指导他们的博士论文。她喜欢他们,也许正是在同这些年轻人的交往中她焕发出青春的活力,找到生活的乐趣。她的思想也正是靠这些年轻人发展和传播。没有他们,抽象代数学的思想就不会那么快地成长并且在整个数学中普及开来。

其中范·德·瓦尔登(Van der Waerden)或是最突出的。这位荷兰的数学神童在阿姆斯特丹大学毕业后,于1924年来到哥廷根。他对代数几何学很有兴趣,在这里他发现埃米·诺特已经给代数几何学基础创造出强有力的代数工具,而这正是他所需要的,不久之后即掌握诺特的思想,写出论文。埃米·诺特马上推荐发表,根本没有提到在范·德·瓦尔登到哥廷根之前,她已经在讲课中讲授过同样的思想。

诺特把许多代数结果在她的讲课中加以系统的阐述,形成了当时根本没有的抽象代数学体系。在诺特和阿丁的讲义的基础上,范·德·瓦尔登整理成为《近世代数学》两卷,分别于1930年和1931年出版。这部书的出版在世界数学界引起了轰动,为现代数学打开了一扇新世界的大门。

来自苏联的著名拓扑学家亚历山大洛夫(Pavel Aleksandrov)年轻时也曾在哥廷根访学。他经常和诺特一起讨论数学。诺特对新兴的拓扑学很感兴趣。她的许多关键思想对于这一理论的发展很重要,尤其是她把当时热门的同调不变量总括为同调群,这对拓扑学的发展具有根本的意义。正是同调群的出现,才使代数拓扑学正式产生。它正是用抽象代数工具来研究拓扑学的。

在亚历山大洛夫等人的热情邀请之下,诺特在 1928 年冬天到莫斯科。她在莫斯科大学讲抽象代数课并主持代数几何学讨论班,并很快影响了一批苏联的年轻人,直接推动苏联抽象代数学、拓扑群和代数拓扑学等学科的发展。

20 年代,日本的正田建次郎也到哥廷根跟着诺特学习。他很快掌握了抽象代数,马上回日本进行普及。正田用日文写了一本《抽象代数学》,是继范·德·瓦尔登《近世代数学》之后的又一本关于抽象代数的书。此后,日本数学家或者到德国留学或者在日本进修,迅速产生出一大批有国际声誉的代数学家,像秋月康夫、浅野启三、中山正、车屋五郎、永田雅宜等人,他们直接继承诺特的传统,推动了抽象代数学的发展。

在诺特的"孩子们"中,还有中国代数学家曾炯之。曾炯之的博士论文是在诺特的直接指导下完成的。他的结果中有现代文献经常引用的曾炯之定理:对于代数封闭域上单变量代数函数域 F,以 F 为系数的代数方程如无常数项,且次数 d 小于未知数个数 n,则在 F 中存在一个非零解。这个定理后来有许多推广。遗憾的是,抗日战争时期,曾炯之在西康去世,没有能够使抽象代数在中国迅速普及。

这里还要特别一提的是,诺特的工作对布尔巴基学派的影响。在 20 世纪 20 年代,法国数学可谓是清一色的函数论。当那些年轻的法国数学家不知道研究该向哪里去的时候,诺特所创造的数学为他们打开了一个全新的世界。于是布尔巴基学派的年轻数学家们开始向诺特等人学习,其中薛华荔(Claude Chevalley)等人还特意到哥廷根听诺特讲课。而这正是他们日后组织起来,用数学结构统一数学的思想基础。后来他们还把抽象代数方法应用于代数几何学、代数数论、拓扑学等方面,使得这些学科得到了极大的推动。

诺特的数学思想经由"她的孩子们"——那一批批才华横溢的年轻人带到哥廷根以外的世界,并且对世界上其他国家的数学发展产生了巨大的影响。在那样一个个人生活极不安定的时代,要是没有她那种乐观主义和献身精神,抽象代数学这朵奇花绝不会开得那样美。

诺特在哥廷根的数学传奇因纳粹政权对犹太人的迫害而终止。1933 年 4 月,法西斯当局剥夺了诺特在大学教课的权利,并将一大批犹太裔教授驱逐出校园。后来,诺特不得不流亡美国,在布林莫尔学院度过了她生命的最后岁月,其间她常常散步到附近的普林斯顿高等研究院,和外尔、冯·诺依曼等人进行学术交流。1935 年,因手术并发症而不幸离世,享年 53 岁。爱因斯坦为她写了讣文,外尔发表了纪念演讲。

想象着,在一个夏日的傍晚,倘若你来到 20 世纪 20 年代数学世界的中心——德国哥廷根,你肯定会从弗里德兰德大街(Friedländer Way)的一间公寓里,听到聚会传来的喧嚣声。透过窗户,你可以瞥见一群学者。红酒在杯中流动,空气在嗡嗡作响,谈话集中在当时的数学问题上。你最终可能会听到一个女人的笑声,她便是埃米·诺特,一个富有创造力的数学天才。这是一段富有传奇色彩的故事!让我们记住这个名字:埃米·诺特!

美国科学院的第一位女数学家:朱丽亚·罗宾逊

在人类几千年文明的长河中,数学,作为科学与艺术最完美的结合,始终在人的思维中占有极为重要的位置。然而我们也不无遗憾地看到,能够在数学家的称谓后冠以自己姓氏的女性,是多么稀少。朱丽亚·罗宾逊(Julia Robinson,1919—1985)是为数不多的世界著名的女数学家之一,她不仅由于数学上的出色成就而当选为美国科学院院士、美国数学会首位女主席,向人们证实了妇女在数学研究中的能力,而且致力于向正徘徊于数学边缘的妇女伸出援助之手,帮助她们找到正确的方向,由此展示女性在数学科学活动中同样影响重大。

朱丽亚·罗宾逊

一、 伯克利的时光

朱丽亚·罗宾逊1919年12月8日出生于密苏里州圣路易斯一个普通的商人家庭,她的父亲是一位机械器具经销商。家中还有一个姐姐康斯坦丝·里德(Constance Reid),比她大2岁。因幼年时母亲即不幸去世,姐妹俩随着祖母一起长大。小时候的朱丽亚瘦弱多病,经常静静地待在角落里读着书,其中她最喜爱的无疑是数学。中学时,数学已让朱丽亚深深着迷。尽管在学校成绩出众,但由于孤僻少言,她缺乏自信,很多时候,她不得不依赖康斯坦丝代替她当众发言。那时的朱丽亚是全家人的骄傲,她取得了数学与科学课程中许多荣誉。

1936年,朱丽亚以优异的成绩考入了圣迭戈州立学院(现今的圣迭戈州立大学)。毫无意外地,她选择数学作为主修专业,并开始为未来的从教生涯做准备。那时,她还不知道学习数学可以从事其他的职业。在圣迭戈的日子是相对平静的,却也是孤独的——那是一种缺少知音的孤独。大学二年级时,父亲的去世带来了沉重的打击,但并未遏制她对数学的热爱,她设法筹措到了每学期12美元的学费,在圣迭戈学院继续读书。

1938年，在姑姑和姐姐的帮助下，18岁的朱丽亚转入加利福尼亚大学伯克利分校读高年级。可以看出，这段岁月在她心中留下了多么美好的回忆，因为她乐于以那样深情的笔触描绘那些难忘的日子：

在伯克利，我很快活，那是一种充满喜悦的幸福。因为，在圣迭戈，根本没人和我志趣相投。如果真如布鲁诺·贝特尔海姆所说，每个人都有属于自己的童话，那么从前的我无疑是羞怯的丑小鸭。然而，在伯克利，突然间，我发觉自己竟也变成了白天鹅。这里有那么多的人，无论是教师还是学生，对数学都和我一样兴奋痴迷。我不仅被选为数学联谊会的荣誉会员，而且还可以参加许多系里的社会活动。最重要的，在这儿，我遇到了拉斐尔。

拉斐尔·罗宾逊(Raphael Robinson)在朱丽亚的生活中无疑扮演了极其重要的角色，对朱丽亚来说，他不仅是伴侣，更是保护者与引路人。在进入伯克利的第一年，朱丽亚正是跟随当时已是副教授的拉斐尔学习数论课程。班上只有4名学生，因此边散步边讨论数学问题便成了他们最喜欢的上课方式。这种轻松融洽的氛围使朱丽亚在学业上收获颇丰，而拉斐尔真挚深厚的情感逐步温暖了她那敏感而孤独的心。1941年10月，在读完研究生二年级第一个学期的课程后，朱丽亚成了罗宾逊太太。

婚后朱丽亚将大量心思投入新建的小家庭中，满怀欣喜地布置新居，享受着新婚的幸福与快乐。随后怀孕的喜悦又将她整个占据，她热切地期待着这个孩子的降生。然而，不幸的是，她失去了这个孩子。朱丽亚陷入了深深的痛苦与迷茫中，曾一度想放弃自己的追求。在她情绪最低落的时候，拉斐尔的支持和鼓励成了她坚强的依靠，在度过了一段相当艰难的低潮之后，对数学强烈的兴趣战胜了她的脆弱与茫然，朱丽亚终于从厚重的阴霾中挣脱出来。

1948年，朱丽亚获得了加利福尼亚大学伯克利分校的博士学位。她的导师是著名的波兰逻辑学家、数学家阿尔弗雷德·塔斯基(Alfred Tarski)——他是波兰华沙学派的代表人物，也是数理逻辑中模型论的奠基人，与著名数学家哥德尔交往密切。塔斯基关于数理逻辑的高深见解让原本就痴迷于数理研究的朱丽亚如鱼得水，在他的指导下，朱丽亚完成题为《代数中的定义和决策问题》的博士论文，并证明了比例数域中算法的不可解性定理。也是在这一年，她开始了对希尔伯特第十问题的研究。

二、希尔伯特第十问题

1900年，德国著名数学家大卫·希尔伯特在第二届国际数学家大会做了一个题

目为《数学问题》的演讲,提出了23个重要的数学问题。其中的第十问题说的是:

设给了一个具有任意多个未知数的整系数丢番图方程,要求给出一种方法(Verfahren),使得借助于它,通过有穷次运算可以判定该方程有无整数解。

在希尔伯特的23个问题中,这个问题最为古老——它的起源可以追溯至2000多年前的希腊数学时代。希尔伯特将历史遗留题目加以总结和拓展,提出上述命题。

在此问题提出后的前30年,数学家们按照传统的方法加以研究,但始终没有取得明显的进展,直到20世纪30年代后期,数理逻辑发展成为一门成熟的数学学科后,一批逻辑学家和数学家的杰出工作,直接影响这一问题的最终解决。

这个问题牢牢地吸引住了朱丽亚的目光,她积极地投入研究工作中。她认为,想要证明一个无法定义的东西无论如何太困难,因此,选择从另外一个角度着手。

1950年,第十一届国际数学家大会在美国的坎布里奇召开,朱丽亚在会议上做了10分钟报告,宣读了自己的研究成果。同在会议上发言的数学家马丁·戴维斯(Martin Davis)的演讲内容也是关于第十问题的,但朱丽亚解决该问题的方法与戴维斯刚好相反。

多年后,朱丽亚回忆道:

在此之前,阿尔弗雷德和我都疏漏了戴维斯关于体系存在性的证明。会后,戴维斯告诉我,他看不出有什么希望能将我所列举的例子推广到一般情况——我说我做了我能做的一切,并想:"你又怎样才能去掉那些一般性的量词呢?"我猜我们都在正确的道路上前进,但认为对方是错误的。

朱丽亚沿着既定的方向继续前进,她敏锐地察觉到贝尔方程对于冲击第十问题具有举足轻重的作用,并从1952年开始进行系统而深入的研究。贝尔方程丰富的性质使得朱丽亚几乎证明了幂函数可以表示为若干个丢番图方程组。成功似乎近在咫尺,却又仿佛遥不可及。

重大的突破发生在1960年。马丁·戴维斯和希拉里·普特南(Hilary Putnam)共同证明了一个结果,但他们的证明中用到了一个还未被证明的系数猜想,这点缺陷在尤为强调逻辑严密性的数论领域,是无法被忽略的。于是,他们将证明寄给了朱丽亚,希望得到帮助。几周之后,朱丽亚告诉他们如何用已知的素数原理来代替他们在计算过程中所使用的还未被证明的素数猜想,并竭力简化了复杂难懂的证明,于是最后的定理证明既通俗易懂,又优雅简洁。他们三人联名的文章《含幂的丢番图方程的决定问题》发表于1961年。这一定理是一项杰出的成果,它成功地证明了含幂的丢番图方程的不可解性,但是它仍然不能去除对于全体谓词的疑虑。

1970年，苏联科学院院报发表了一篇题为《可枚举集是丢番图的》的文章，作者是年仅22岁的数学家马蒂亚塞维奇（Yuri Matiyasevich），他在戴维斯、普特南和朱丽亚的研究基础上，完成一个重要定理的证明，由此最终判定了希尔伯特第十问题是递归不可解的。

这最后的证明其背后的故事却是异常温馨的。在后来的时间里，马蒂亚塞维奇一再提到，朱丽亚的成果距最后的证明极为接近，而且她的工作对他有着至关重要的影响，为他提供了坚实的基础并且触动了他的灵感。他还提到，1969年，他第一次给朱丽亚写信，请求朱丽亚将约翰·麦卡锡的备忘录邮寄给他。他收到的，却是一份经过朱丽亚推敲整理后的复件，其中包含了最主要的公式和辅助定理。马蒂亚塞维奇后来写道：

我相信只有像朱丽亚那样，在这一思维方向上已经花费了大量的时间，经过严密的考虑，才能从这些备忘录中得到启示，重新构建整个证明。

尽管当时的美国与苏联是敌对的，但这没有妨碍数学家之间真诚的交流与合作。正如朱丽亚谈到的，数学家应该是这样一个团体，不分地域、种族、信仰、性别、年龄，甚至时代，将自己的一切奉献给艺术和科学中最美丽的部分——数学。

三、荣誉与终曲

1970年前后，朱丽亚在国际数学界已经很有名气了，她的名字因和多篇著名论文相连而早已蜚声国际。1975年，她被提名为美国国家科学院院士。这项提名让她身边的朋友和同事备受鼓舞，因为他们最了解朱丽亚的勤奋与成就。在她过去的同事提供的一份工作纪要中，我们可以看到她生活的侧影：

星期一，证明定理；星期二，证明定理；星期三，证明定理；星期四，证明定理；星期五，那定理是错的。

那时，尽管阿尔弗雷德·塔斯基和乔治·奈曼都已年迈体衰，但他们还是专程赶回华盛顿，向委员会解释朱丽亚的工作的重要性。

1976年，朱丽亚顺利当选。这是一项很高的荣誉，至1985年，美国有1442名院士，其中女性寥寥可数，而在数学方面，她更是唯一的女性。同年，伯克利终于授予她全职教授的职位，这在当时的伯克利，亦是一个空前的决定。

朱丽亚接受了这个职位，但出乎她意料的是，这仅是接踵而至的各种荣誉的开始。各种授奖与采访的电话接连不断，一时之间，平静的生活被搅乱了。朱丽亚开始感觉到苦恼。在她看来,作为数学家是她的工作,而受到过度的关注令她紧张而尴尬,她写道:"事实上,我只不过是一名数学家,并不想被人看成是开创了这个或那个纪录的第一位妇女。我宁可作为数学家被人们记得,仅仅是因为我证明过的那些定理和解决过的那些问题。"

1982年,朱丽亚以绝对的优势当选为美国数学会第一位女主席,并获得了为期五年的共计6000美元的麦克阿瑟基础奖金。这是继她成为数学会首位女官员四年后得到认可的体现。虽然她一向注重隐私,不愿意成为公众的焦点,但是这次,她觉得无法拒绝,一种强烈的使命感要求她必须做些事情来改善当时普遍存在于数学界的性别与种族歧视。

朱丽亚坚信,没有任何理由可以阻止女性成为数学家,同时确信要改变目前的状况,必须积极行动起来,帮助更多女性在大学中谋得职位。为此她积极参加数学妇女学会的工作,讨论如何鼓励年轻女性进入数学领域以及如何支持女数学家的研究工作。她到女教师俱乐部去,强烈呼吁应当创造机会让所有人自由地迈进通向数学的道路。她积极参与各种活动,讨论如何帮助有数学天赋的其他种族的青年发挥他们的才能。

朱丽亚夫妇

1985年7月30日,朱丽亚·罗宾逊因病与世长辞。遵照她的遗愿,没有举行葬礼,为了寄托深深的哀思,人们将捐款送到她生前建立的、用以纪念她的导师阿尔弗雷德·塔斯基的基金会,以助有志投身于数学研究的莘莘学子一臂之力。妻子逝世后,拉斐尔·罗宾逊教授以朱丽亚的名字设立了纪念基金,这项基金的收入用来支持学数学的学生完成课程,以及为研究生继续攻读博士学位提供经济援助。

与她之前的几位伟大的女数学家——诸如苏菲·热尔曼、索菲娅·科瓦列夫斯卡娅、埃米·诺特相比,朱丽亚在社会活动中取得了前所未有的肯定。然而,女性在数学领域的地位仍旧没有得到彻底的改善。朱丽亚的成就不仅在于她在数学研究中取得的成绩,而且在于她以前瞻的眼光,致力于为更多的女性创造研究数学的更加良好的环境。

朱丽亚受到人们的尊敬与爱戴,不但因为她得到了很高的荣誉,更是因为她温和的举止,内敛的幽默,睿智的思想与高尚的人格,她对数学无与伦比的热爱为她赢得了广泛的朋友,遍及全球。她是一位真正的数学家,一位开创时代的伟大女性,她不平凡的一生将永远为人们所牢记,所怀念。

3.2 话剧《数海巾帼》相关的侧记

话剧《数海巾帼》宣传海报

在数学历史的星空，

闪烁着不计其数的明星；

但其中女性是何其稀少……

希帕蒂娅、

苏菲·热尔曼、

索菲娅·科瓦列夫斯卡娅、

埃米·诺特、

朱丽亚·罗宾逊，

她们是这些传奇女性数学家中的代表，

她们不屈服于时代与命运的不公，

在那些对女性并不平等的年代里，

她们用自己的勤劳与智慧，

与命运做了艰苦卓绝的斗争，

用一系列富有创造性的成果，

为女性在数学的荣誉殿堂里争得一席之地！

原创数学话剧《数海巾帼》以话剧的形式再现了上面提到的这五位具有传奇色彩

的女数学家的科学故事和人生传奇。她们来自不同的时代,来自不同的地域,但因为数学,她们联系在了一起。经由跨越时空的想象力,让我们将她们漫步在同一话剧的主题里——以女性这一独特的视角来一道品读数学之美,漫步文化之桥……

Ⅰ 《竹里馆》话剧之声

话剧《数海巾帼》以王维的一首经典之作《竹里馆》开篇:

独坐幽篁里,弹琴复长啸;深林人不知,明月来相照。

这首诗乃是唐代诗人王维在晚年隐居蓝田辋川时所作。其遣词造句简朴清丽,短短的二十个字中,有景有情、有声有色、有静有动、虚中有实、相映成趣,显示出诗人新颖而独到的想象力;月夜、幽林、人寂,于高雅绝俗间,蕴含着一种特殊的美的艺术魅力……这或也是品读和分享数学的意境。

于是,在我们的话剧世界里,"竹里馆"一词有着多重的涵意和象征:竹里馆,可以是一首优美的诗篇,可以是一个独特的数学文化类节目,也可以是神奇的数学王国……

《竹里馆》的数字符象征:$\mathbb{R} \times S^1$。

话说在某一期《竹里馆》——这是我们设想中的一个有着华东师范大学数学文化特色的节目——的节目现场,主持人柳形上有幸邀请到一位数学女嘉宾:陈焦。于是在其导引下,我们将阅读到一些不一样的数学故事。

柳形上,"流形"上也。在我们的映像阁里,每一个你、我和她都可以是"柳形上"。每一个带着好奇心漫步在《竹里馆》——在我们的话剧里,这可是神奇的数学王国的myself,当可在无意间收获一份惊奇:且让我们想象一只小小的蚂蚁漫步在$\mathbb{R} \times S^1$上……

在数学的王国中,有太多精彩的故事传奇……在《数海巾帼》这部话剧里,我们品读与欣赏到的是诸多数学女神历经艰辛的科学童话。

Ⅱ 《数海巾帼》的主旋律

正如上面提到的,这部数学话剧主要以5位女数学家的智慧人生和科学故事展现话剧的精彩。其中的主角——希帕蒂娅、苏菲·热尔曼、索菲娅·科瓦列夫斯卡娅、埃米·诺特、朱丽亚·罗宾逊的生平故事已有比较详细的介绍。

话剧故事在《竹里馆》篇的框架里,计有5幕,依次涉及的女数学家是朱丽亚·罗宾逊、埃米·诺特、索菲娅·科瓦列夫斯卡娅、苏菲·热尔曼和希帕蒂娅。共计23场。其具体的分布如下。

"朱丽亚·罗宾逊"篇,计有5场,依次是:

第二幕　第一场　姐妹情
第二幕　第二场　伯克利的情怀
第二幕　第三场　你是我一生的陪伴
第二幕　第四场　世界上最遥远的距离
第二幕　第六场　荣誉的采访

"埃米·诺特"篇:计有5场,依次是:

第三幕　第一场　丑小鸭的数学智慧
第三幕　第二场　回到埃尔朗根
第三幕　第三场　抽象与具象之间的数学对话
第三幕　第四场　教授很生气
第三幕　第五场　课堂的画片

"索菲娅·科瓦列夫斯卡娅"篇,计有5场,依次是:

第四幕　第一场　大学河畔
第四幕　第二场　大师与学生
第四幕　第三场　柏林的星空
第四幕　第四场　鸿雁传书十数载
第四幕　第五场　最高的赞誉

"苏菲·热尔曼"篇,计有3场,依次是:

第五幕　第一场　数学的邂逅

第五幕　第二场　大师到访

第五幕　第三场　当苏菲遇见热尔曼

"希帕蒂娅"篇,计有5场,依次是:

第六幕　第一场　让我们相约在悖论王国

第六幕　第二场　哲学家的女儿

第六幕　第三场　自由的课堂

第六幕　第四场　最后的讲学

第六幕　第五场　思想的回音

除此之外,2018年的这一数学话剧演出还特别设计了一场关于《女性数学家传奇》的话剧主题讲座,植入在《希帕蒂娅》篇话剧舞台的画片之后,以便整部数学话剧的主旋律更好地升华和演绎。

这些女性数学家的故事传奇展示了女性在数学科学研究中亦同样可以做出极其出色的贡献,她们的数学成就同样获得整个科学界的喝彩。她们睿智的思想与高尚的人格,她们对数学无与伦比的热爱和她们七彩的科学传奇,应该被人们所牢记与怀念。这些以绝世才华和贡献跻身于数学世界最优秀的学者之列的聪慧女性,她们的美丽身影将镌刻在后世人的心间。原创数学话剧《数海巾帼》谨以话剧艺术的形式向这些闯入数学理性王国的女性——以及其他许许多多活跃在数学舞台的女数学家致以深深的敬意!同时亦期待这一数学话剧可以赋予众多年轻学子以智慧和人生的启迪!

Ⅲ　话剧中的科学人物

马丁·戴维斯

在话剧《数海巾帼》的第二幕第四场中,除了朱丽亚·罗宾逊,还谈及有三位数学家,他们是马丁·戴维斯、希拉里·普特南和马蒂亚塞维奇。

马丁·戴维斯(Martin Davis,1928—　)于1928年出生在美国纽约。他的父母都是波兰人,20世纪初移民来到美国。戴维斯在纽约的公立学校接受教育,很早就对科学感兴趣。他小时候的梦想是成为一名古生物学家,后来他又想成为一名物理学家,最后却爱上了数学。1944年,16岁的戴维斯从高中毕业后,进入纽约城市学院攻读数学。大学毕业后,他进入普林斯顿大学,在丘奇(Alonso Church)的指导下从事数理逻辑研究,并于1950年获得博士学位。之后戴维斯在伊利诺伊大学香槟分校、加州大学戴维斯分校、纽约大学等多个地方工作过。他因数理逻辑——特别是希尔伯特第十问题的研究——获得一系列荣誉。

希拉里·普特南(Hilary Putnam,1926—2016),1926年7月31日在芝加哥出生。美国当代著名哲学家、逻辑学家。曾任教于普林斯顿大学和马萨诸塞理工学院,后任哈佛大学哲学教授和W. B. 皮尔逊讲座现代数学与数理逻辑教授。

在20世纪的英美哲学界,普特南堪称是一位大师。他在心灵哲学、语言哲学、科学哲学、数学哲学、道德哲学,乃至计算机领域都有所著述。基于对心灵、存在、认知的讨论与理解,他将法国哲学家笛卡尔的怀疑论用一个著名的思想实验加以模拟,这便是"缸中之脑"。除了其哲学意义,他的这一"庄生梦蝶"般的假想还极大地影响了电影《黑客帝国》的基本架构。

希拉里·普特南

马蒂亚塞维奇(Yuri Matiyasevich)于1947年出生在列宁格勒(如今的圣彼得堡),他的父亲是一名建筑工程师。马蒂亚塞维奇在列宁格勒长大,并在那里接受教育。他从小就表现出了杰出的数学能力,中学时代即在列宁格勒数学奥林匹克竞赛以及苏联数学奥林匹克竞赛中频频获奖。1964年,马蒂亚塞维奇参加了在莫斯科举行的国际数学奥林匹克竞赛,并获得了金牌,由此顺利进入列宁格勒大学数学和力学系读书。1969年大学毕业后,他又进入苏联科学院斯捷克洛夫数学研究所列宁格勒分部,在谢尔盖·马斯洛夫(Sergei Maslov)的指导下攻读研究生学位。还在大学读书时,马蒂亚塞维

马蒂亚塞维奇

奇就开始了关于希尔伯特第十问题的研究。1970年,他在马丁·戴维斯、希拉里·普特南和朱丽亚·罗宾逊等人的工作基础上,最后临门一脚,出人意料地解决了希尔伯特第十问题,成为国际数学界的一颗新星。关于其背后的故事,可以参见马蒂亚塞维奇的两篇著名的文章《希尔伯特第十问题:连接数论和计算机科学的桥梁》和《与朱丽亚·罗宾逊的合作之路》。

在话剧《数海巾帼》有关诺特的篇章中，除了主角埃米·诺特，还谈及以下的几位数学家，他们是保罗·戈尔丹，马克斯·诺特，F. 克莱因和希尔伯特。

保罗·戈尔丹(Paul Gordan，1837—1912)于 1837 年出生在布雷斯劳(今波兰弗罗茨瓦夫)，他的父亲是一名商人。戈尔丹自小在布雷斯劳受教育，中学毕业后即进入一所商学院学习，然后在银行工作了几年。1855 年，他在柏林大学听了库默尔的数论讲座后，对数学产生了浓厚的兴趣。于是戈尔丹开始到布雷斯劳大学读书，之后又到柯尼斯堡大学，在雅可比的指导下学习数学。随后在柏林读书期间，他开始对代数方程问题产生了很大的兴趣。

保罗·戈尔丹

1862 年，戈尔丹在布雷斯劳大学获得博士学位后，曾到哥廷根短期访问黎曼。次年，在克莱布什(Alfred Clebsch)的邀请下，戈尔丹来到吉森大学工作。由此两人开始了许多合作研究。也是在克莱布什的指引下，戈尔丹进入不变量理论的研究主题——这一领域主导了他此后的数学生涯。因为其在不变量理论上的突出贡献，戈尔丹被誉为"不变量之王"。他在这一领域的工作后被希尔伯特加以极大的拓展。1874 年，戈尔丹被聘为埃尔朗根大学的数学教授。那时 F. 克莱因还在埃尔朗根担任数学系主任。除了研究不变量，戈尔丹还从事代数几何的研究。不过，他在埃尔朗根最为得意的一件事，是他培养了一个如此出色的学生——她名叫埃米·诺特！

马克斯·诺特

1844 年，马克斯·诺特(Max Noether，1844—1921)出生在曼海姆的一个犹太家庭。他在那里长大，并接受教育。由于对天文学感兴趣，马克斯在大学之前，曾在曼海姆天文台待了一段时间。1865 年，马克斯·诺特进入海德堡大学读书。在 1868 年获得博士学位后，他来到吉森大学，与克莱布什进行了合作研究。1869 年，克莱布什被任命为哥廷根的教授，马克斯又随他去了那里。一年后，他转到海德堡大学工作。1875 年，马克斯·诺特移居埃尔朗根，成为埃尔朗根大学的教授。他的研究领域主要是代数几何。其工作受到了阿贝尔、黎曼、凯莱(A. Cayley)和克雷莫纳(L. Cremona)的极大影响。马克斯是 19 世纪代数几何学的领导者之一。

菲利克斯·克莱因(Christian Felix Klein，1849—1925)，20世纪最伟大的数学家之一。他在代数、几何、自守函数论等方面都做出极为重要的贡献。1872年，他在埃尔朗根大学的著名演讲中，第一次提出将形形色色的几何看作是各种群的不变量的理论，揭示了看似大不相同的几何之间的统一形式，引起数学观念的深刻变革，这在数学的历史上有着里程碑的意义。他还与庞加莱各自独立地创立了自守函数理论。而他将群的概念应用于椭圆模函数、线性微分方程、阿贝尔函数上的尝试，开启了相关数学研究新的模式。除此之外，他还是数学教育的大师，当今国际数学教育界的最高奖——克莱因奖以他的名字命名。其《高观点下的初等数学》一书影响深远。

F. 克莱因

希尔伯特(David Hilbert，1862—1943)，20世纪最伟大的数学家之一。他在代数、几何、分析，乃至数学基础等许多领域上的一连串无与伦比的数学成就，使他无可争辩地成为20世纪国际数学的领袖人物。他于1900年在巴黎第二届国际数学家大会上提出的23个数学问题，激发了整个数学界的想象力，对其后100多年的现代数学具有如此深远的影响……希尔伯特就像数学世界的亚历山大，在整个数学版图上留下了他巨大显赫的名字。希尔伯特精神已成为全世界数学家们的共同财富。

希尔伯特

在话剧《数海巾帼》有关科瓦列夫斯卡娅的篇章中，除了主角索菲娅·科瓦列夫斯卡娅，还谈及数学家卡尔·魏尔斯特拉斯和米他格·莱夫勒。

卡尔·魏尔斯特拉斯(Karl Weierstrass，1815—1897)，德国数学家，被誉为"现代分析之父"。他的研究工作涵盖幂级数理论、实分析、复变函数、阿贝尔函数、整函数等诸多领域。魏尔斯特拉斯在数学分析领域中的最大贡献是在柯西、阿贝尔等数学家开创的分析学严格化潮流中，以 $\varepsilon\text{-}\delta$ 语言系统建立了实分析和复分析的基础，大体上完成了分析的算术化。希尔伯特曾如是

卡尔·魏尔斯特拉斯

说:"魏尔斯特拉斯以其酷爱批判的精神和深邃的洞察力,为数学分析建立了坚实的基础。通过澄清极小、极大、函数、导数等概念,他排除了微积分中仍存在的各种错误提法,扫清了关于无穷大、无穷小等各种混乱观念,决定性地克服了源于无穷大、无穷小朦胧思想的困难。今天,分析学能达到这样和谐可靠和完美的程度,本质上应归功于魏尔斯特拉斯的科学活动。"

可是这位才能卓绝的数学家,他的数学道路却是曲折的。魏尔斯特拉斯是大器晚成的一个范例。尽管在中学时代他的成绩非常优秀,但进入大学时按父亲要求学习法律和商业,而他对这两者毫无兴趣。于是魏尔斯特拉斯在德国波恩大学虚度四年,最后都没有拿到学位。不得已他被送到明斯特去准备教师资格考试。1841年,魏尔斯特拉斯在获得中学教师资格后开始了漫长的中学教师生活,他在两处偏僻的地方中学度过了包括30岁到40岁的这段数学家的黄金岁月。在中学里,他不光教数学,还教物理、德语、地理,甚至体育和书法课,而所得薪金连进行科学通信的邮资都付不起。但魏尔斯特拉斯依然以惊人的毅力,过着一种双重的生活。他白天教课,晚上攻读研究阿贝尔等人的数学著作,并写了许多论文。一直到1853年,魏尔斯特拉斯将一篇关于阿贝尔函数的论文寄给了著名的《纯粹与应用数学》杂志后,他才时来运转。这篇论文第二年发表后,随即引起轰动。由此他获得了柯尼斯堡大学的博士学位证书。1856年——在他当了15年中学教师后,魏尔斯特拉斯被任命为柏林工业大学数学教授,同年被选进柏林科学院。他后来又转到柏林大学任教授,直到去世。

魏尔斯特拉斯的人生是一曲传奇。他不仅是一位伟大的数学家,而且是一位杰出的教育家。他热爱教育事业,热情指导学生,终身孜孜不倦。他不计个人名利,允许学生们或他人把他的研究成果用种种方式传播,而不计较功绩谁属的问题,这种高贵品德是十分可贵的。他培养出了一大批有成就的数学人才,著名的有富克斯(L. Fuchs)、L. 柯尼斯贝格(L. Konigsberger)、施瓦茨(H. Schwarz)、康托尔(G. Cantor)、弗罗贝纽斯(F. Frobenius)、科瓦列夫斯卡娅(Sofia Kovalevskaya)等。

米他格·莱夫勒(M. G. Mittag-Leffler,1846—1927)于1846年出生在瑞典斯德哥尔摩。他的父亲是一名学校老师,后来成为斯德哥尔摩一所中学的校长。米他格·莱夫勒从小就具有出色的数学能力。1872年,他获得一笔奖学金,可以在国外学习三年。1873年10

米他格·莱夫勒

月,他先去了巴黎,想在埃尔米特(Charles Hermite)指导下研究分析。可是埃尔米特对他说:

> 先生,你错了!你应当到柏林去听魏尔斯特拉斯讲课。他才是我们的大师!

米他格·莱夫勒听从建议,随后来到柏林,听了魏尔斯特拉斯三个学期的课。这段时期的学习在他日后的科学工作中留有深刻印记,使他在亚纯函数理论方面做出成绩。作为魏尔斯特拉斯最信赖的学生之一,米他格·莱夫勒后来写了许多关于魏尔斯特拉斯的生活传记、数学思想的纪念文章,成为研究魏尔斯特拉斯极有价值的文献。

1876年,米塔格·莱夫勒获得赫尔辛基大学的一个教席,五年后,他回到家乡斯德哥尔摩,被任命为新成立的斯德哥尔摩大学的第一位数学教授。随后他开始创立一本新的国际杂志《数学学报》(Acta Mathematica)——这是当今顶尖的国际数学杂志之一。

米塔格·莱夫勒为数学做出了许多贡献,特别是在涉及极限的领域,包括微积分、解析几何、概率论以及函数论。

1884年,在他的引荐下,科瓦列夫斯卡娅来到斯德哥尔摩大学工作,最后成为这所大学的数学教授。19世纪90年代初,米塔格·莱夫勒在斯德哥尔摩郊区为他的家人建造了一座奇妙的新家。这里拥有世界上最好的数学图书馆。恰如哈代所描述的:

> 所有的书籍和期刊都在那里,……如果一个人累了,可以阅读世界上所有数学家的书信,或者从屋顶欣赏斯德哥尔摩的景色。

多年后,在这座奇妙的家的基础上建立了米塔格·莱夫勒数学研究所,如今,它已成为国际上一个主要的数学研究中心。

在话剧《数海巾帼》有关苏菲·热尔曼的这一篇章中,除了主角,还特别谈及一位18世纪的数学大师拉格朗日。

约瑟夫·拉格朗日(Joseph-Louis Lagrange,1736—1813),法国数学家、物理学家。也是18世纪欧洲最伟大的数学家之一。他在数学、力学和天文学三个学科中都有重大贡献,其中尤以数学方面的成就最为突出。拉格朗日科学研究所涉及的领域极其广泛。正是他的天赋,使得数学分析从几何与力学中脱离开来,从此数学不再仅仅是其他学科的工具。拉格朗日总结了18世纪的数学成果,同时又为19世纪的数学研究开辟了道路,堪称法国最杰出的数学大师。

约瑟夫·拉格朗日

1736年,拉格朗日出生在意大利都灵。他的父亲是法国陆军骑兵里的一名军官,后由于经商破产,家道中落。最初拉格朗日对数学没有很大的热情,他最喜欢的科目是古典拉丁语。17岁时,他读了英国天文学家哈雷的一篇论文后,感觉到"分析学才是自己最热爱的学科",从此迷上了数学分析,开始专攻当时迅速发展的数学分析。1755年,在探讨数学难题"等周问题"的过程中,他用纯分析的方法求变分极值,发展了欧拉所开创的变分法,并为其奠定了理论基础。这使得拉格朗日在都灵声名大振,19岁的他被任命为都灵皇家炮兵学校的教授,成为当时欧洲公认的第一流数学家。1756年,由于欧拉的举荐,拉格朗日被任命为普鲁士科学院通讯院士。

1766年,应德国腓特烈大帝的邀请,拉格朗日前往柏林,任普鲁士科学院数学部主任,居住达20年之久,开始了他一生科学研究的鼎盛时期。在此期间,他完成了《分析力学》一书,这是继牛顿之后的一部重要的经典力学著作。1786年,他接受了法国国王路易十六的邀请,移居巴黎,直至去世。这期间他参加了巴黎科学院成立的研究法国度量衡统一问题的委员会,并出任法国米制委员会主任。后来法国完成统一度量衡工作,制定了被世界公认的长度、面积、体积、质量的单位,拉格朗日为此做出了巨大的贡献。

在话剧《数海巾帼》有关希帕蒂娅的这一篇章中,除了主角,我们还特别谈及一位古希腊的数学先哲赛翁——他是希帕蒂娅的父亲。

赛翁(Theon of Alexandria,约335—约405),古希腊亚历山大后期的数学家和哲学家。他还是著名的亚历山大博物院的一名老师,在那里讲授数学和天文学。此外,他是希帕蒂娅的父亲,因此被更多人所知。也正是赛翁的倾情培养之下,希帕蒂娅成为一位伟大的数学家和哲学家。赛翁并不是一位独创型的数学家,他最重要的工作是对古希腊著名天文学家托勒密的《天文学大成》(*Almagest*)和欧几里得的《几何原本》进行修订和评注,这些或都是在希帕蒂娅的帮助下完成的。赛翁还对欧几里得的其他作品进行过评注。

赛翁版的《几何原本》非常成功,被一代一代流传下来。直到19世纪后期在梵蒂冈发现了更早的版本,人们才得以知道关于《几何原本》更多的以及更早的数学故事。此外,还值得一提的是,从相关著作中我们得以知道,赛翁曾于364年6月16日在亚历山大观测到日食,并于364年11月25日再次在亚历山大观测到月食。这无疑可以为这位古希腊先哲很是有限的生平故事增添一份精彩。

Ⅳ 一些故事片段

话剧《数海巾帼》涉及诸多的数学科学故事。这里可选择一部分简单地分享如下。

它们对整个数学话剧故事的展开,有着极大的影响力。

话剧的第二幕第四场《世界上最遥远的距离》中涉及的科学故事主题是著名的希尔伯特第十问题。话剧故事从1900年第二届国际数学家大会上,希尔伯特的那次数学演讲说起,在那次演讲中他提出了23个著名的数学问题。这些问题极大地激发了整个数学界的想象力,对其后半个多世纪的现代数学产生了深远的影响。

世界上最遥远的距离

在希尔伯特的23个问题中,第十问题或许是最古老的,因为其涉及的研究主题——丢番图方程的起源可以追溯到2000多年前的古希腊时代。在此问题提出之后的前30年,数学家们按照传统的方法加以研究,始终没有取得明显的进展,直到20世纪30年代后期,数理逻辑为这一问题的解决带来了希望。

这一场话剧经由马丁·戴维斯、希拉里·普特南、马蒂亚塞维奇和朱丽亚·罗宾逊的集体演绎,为我们讲述和呈现了这段奇妙的数学故事——在众多数学家的共同努力之下,希尔伯特第十问题终于获得解决。

话剧第三幕第三场《抽象与具象之间的数学对话》谈及的主题是埃米·诺特数学研究风格的变化——这为她后来步入抽象代数学的开创之旅提供了可能。

话剧故事通过两个数学卡通人物——具象和抽象之间的对话,讲述了这样一段故事:

埃米·诺特的数学研究开始于不变量理论这一数学主题。她在戈尔丹的指导下研究,于1908年在埃尔朗根获得博士学位。可以想象,其博士论文的数学风格——因受到戈尔丹的具象数学思维的影响,完全是一座公式的丛林。其学位论文中用到的数学公式有330个之多。此后不久,由于受到希尔伯特简约而抽象的研究工作的影响,埃米逐渐漫步走入数学研究的抽象模式之旅,未来的代数学因此将无限精彩!

抽象与具象之间的数学对话

话剧第四幕第四场《鸿雁传书十数载》谈及的话题是科瓦列夫斯卡娅在魏尔斯特拉斯的指导下获得博士学位之后的数学科学人生。话剧故事以"跨越时空"的书信往来方式展开：

话说科瓦列夫斯卡娅获得哥廷根大学的博士学位后回到俄国，她想在大学找到一个教职，或者进入彼得堡的科学界——她希望为祖国的数学科学事业做点事。可是，沙皇统治下的俄国政府，仍然像以前一样黑暗，妇女的地位没有丝毫改善。因此她不得已离开喜爱的数学。经年之后，在魏尔斯特拉斯的帮助下，科瓦列夫斯卡娅终于重新回到数学研究的行列。后又在米他格·莱夫勒的帮助下，她在瑞典斯德哥尔摩大学获得一个教职，这位数学公主的科学生涯由此漫步更加璀璨的数学之巅。

鸿雁传书十数载

话剧第五幕第三场《当苏菲遇见热尔曼》涉及的话题是苏菲·热尔曼的科学成长故事。这一场话剧以两位科学卡通人物——"苏菲"和"热尔曼"的对话,为我们讲述和呈现了苏菲·热尔曼的简约历程:

当苏菲遇见热尔曼

小时候的苏菲,受阿基米德的数学传奇之影响而喜爱上数学,她如此渴望走入更加广阔的数学天空。很有幸,后来她遇见了她的数学伯乐——拉格朗日教授,正是在这位数学大师的带领和影响下,苏菲·热尔曼愉快地遨游在神奇的数学王国里,还结识了数学科学界的不少学者。其中苏菲·热尔曼与高斯的通信可谓是数学历史的一段故事传奇!他们之间的数学交流因为高斯的名著《算术探讨》而结缘,苏菲·热尔曼在熟读高斯的这一著作,并得到了属于自己的一些新结果后,终于有勇气给高斯写信,讨论相关的数学问题。因为担心高斯会因她的性别而不认真对待,于是苏菲·热尔曼再次使用了"勒布朗先生"的化名。她对高斯的敬畏可从这信中的文字看出:

不幸的是,我智力之所能比不上我欲望的贪婪。对于打扰一位天才我深感鲁莽,因为除了所有他的读者都必然拥有的一份倾慕外,别无理由蒙其垂顾。

高斯并没有像传说中的那般孤傲,在赋予苏菲·热尔曼的工作以很高评价的同时,还将她视为知音。两位数学家之间的对话和通信就这样开始了。他们在时间的步履和相互的交流中收获着数学研究的硕果,也采集朋友间的真挚友谊。他们的通信在高斯被聘为哥廷根大学天文学教授后,因其兴趣转向应用数学而中断。从此热尔曼也转向研究物理学。

话剧第六幕第二场《哲学家的女儿》谈及的科学故事主题是希帕蒂娅同她的父亲赛翁一道合作修订《几何原本》的画片。

灯亮处,舞台上呈现的是,希帕蒂娅和赛翁合作完成对《几何原本》的修订和评注的情景:他们俩在众多的抄本中,认真比较,去伪存真……希帕蒂娅生活在公元4世纪的古希腊亚历山大后期,那时距离《几何原本》的成书已经六七百年了,这漫长的时间里,《几何原本》的抄本太多了,而且错误之处也不尽相同,就算将手里这本错误的地方重新标注,其他的书依然会有错误。因此对《几何原本》的修订,会是一项巨大的工程。不过,正是赛翁和希帕蒂娅的共同努力之下,赛翁版的《原本》受到广泛的欢迎,造福于后世……

哲学家的女儿

追寻《数海巾帼》中的这些数学科学的故事,当可以让青年学子们在感悟大师的科学工匠精神的同时,亦在这些话剧故事中收获智慧和人生的启迪。

V 收获,启迪与展望

2018年的话剧《数海巾帼》有过两场公演:一场在华东师范大学中北校区思群堂(10月27日晚),还有一场在上海戏剧学院端钧剧场(11月10日晚)。话剧演出时长约120分钟,参与演职人员约70人,两场观看演出的观众共计有1000人。这里有话剧演出的一些精彩画片:

伯克利的情怀

课堂的画片

最高的赞誉

大师到访

最后的讲学

丑小鸭的数学智慧

数海巾帼

遥望这一数学话剧演出的历程,有着诸多的感动和启迪。是的,在一个多月的时间里,剧中的同学们,还有参与演出的小朋友们因为这部数学话剧而连接在一起,排练台词,走上舞台,大声说故事。不管是台前,还是幕后,都为最后话剧的精彩演绎而努力。在此还值得一提的是,《数海巾帼》有幸邀请到教授级数学教育专家——徐斌艳、陈双双两位老师加盟并本色出演,这为数学话剧的演出增添精彩!恰如诸多同学在他们的话剧感言中说到的,这部话剧就像一条数学文化的纽带,将你、我和他们紧紧地联系在一起,在收获知识的同时,还收获了快乐,受益匪浅。这里让我们分享一些相关的文字。

数学之旅,携光前行

在今年的新生开学典礼上,与数学话剧的相遇,展开了我与数学话剧的故事。在原创数学话剧《数海巾帼》中,我有幸被选为古希腊女数学家希帕蒂娅的扮演者。这位女数学家究竟是一位怎样的女性,能穿越千年的时空为众多学者耳熟能详?她又有着怎样传奇的故事,值得我们这些后来者去代代传唱?

无论演员专业与否,了解人物的背景与情感都是必不可少的一环。在拿到剧本的第一时间,我便开始了对人物的考察。希帕蒂娅可以说是世界上的第一位女数学家,优秀聪慧的她在哲学家、数学家父亲赛翁的精心培育下,迅速成长为一名极其优秀的学者。可是,这样一位精通各类科学又深受大众喜爱的优秀女性,在那个将数学和其他自然科学看作异端、黑暗即将降临的时代里,处境是极其危险的。公元415年3月的一天,一群暴徒将她残忍地杀害了。

看到这里,我不由得哽咽。才华竟这样被黑暗的时代所劫持,真理竟这样被残忍地扼杀!在了解希帕蒂娅真正的故事后,我们话剧小组的所有人都陷入了深深的沉默。

一遍遍地排练开始了。对于希帕蒂娅的这个角色,极大的挑战之一,便是台词。要学会牢记每句话的意义,才能不拘泥于方寸间小小的文字中,用语言表现出人物真正的品格。其实在刚开始,我的台词诵记得并不好。正是在学姐耐心的指导与讲解下,我一遍又一遍深入理解话剧故事中的一个个场景,更是在与搭档的对手戏中,我获得诸多新奇的感悟,搭档同学的每一次表演总能给我一些全新的启发。

上台演出与排练,总会有不一样的感受。舞台所带给你的,是一种更高的责任感与使命感,因此在话剧演出的那一刻,每一位同学的表现力都尽情展现!这样的效果也是我从未预想过的。当许多人印象中"呆板""枯燥"的数学,与这个舞台碰撞,我不知究竟能激发出多少数学真正的魅力,但我所知道的是,在场的每个人,都在享受这场数学文化的盛宴。这部话剧将赋予我大学数学生涯难以忘怀的温馨与坚持前行的动力……

传递数学之美,擂响知识之鼓

在这个秋高气爽,云淡风轻的季节,非常荣幸能以柳形上的身份出演话剧《数海巾帼》。

数学,一个多么优美的学科,当它的传播形式以话剧、微电影等更加娱乐化的方式进行扩充,它便拥有了走入千家万户、拥有了被更多人欣赏的可能性。当我置身于数学话剧的排演中,更加设身处地地体验到了传播数学文化的意义和艰辛。

"我们怀抱着数学的梦想与想象力,虽艰辛,亦快乐。"为了演好这部剧,演员们抽出空闲时间勤奋地背词,揣摩人物形象,导演们不辞辛劳地指导同学们排练,场务们忙碌着在舞台上把道具搬来搬去,最辛苦的还是老师,不断删改,最终写出了这么丰富精美的剧本,塑造了一个个丰满的角色,为我们提供了站上舞台的机会。每个人都献出了自己的力量,点燃了心中的数学之火。星星之火,可以燎原,我们每个人心中的小火苗汇聚成一道最闪亮的数学之光,照亮了观众,也照亮了我们自己的心灵。

当聚光灯照在柳形上的身上时,《竹里馆》节目就开始了。作为几个女数学家传奇故事的引入者和升华者,我肩负着小主持人的责任。与其他的演员不同,我作为一个采访者,手拿"台本",与剧中的学姐和两位老师进行交流,言行举止都要自然,不然会让气氛变得尴尬刻意,这是一个极大的考验,不仅需要深厚的台词功底,把台词背熟,还需要丰富的面部表情,需要表现得很亲切,并对受访者的话有所反应,而不是木讷地点头坐着。经过私下里和对手、室友不断地排练,我慢慢找到了柳形上这个角色的灵魂所在,得以在舞台上切换为大方和善,擅长提问并善于倾听的主持人形象。

经过这次演出,我体验到了抽象的数学也可以用具象的话剧来展现它的灵魂。在了解这些女数学家的传奇故事,并将她们不寻常的故事和自己对比之后,我发现我们真的很幸福,生活在这样一个多元化并且自由包容、男女平等的时代,我们又有什么资格庸碌一生呢。

或许演数学话剧就是为了让观众了解数学发展的不易,以及其中钻研的乐趣与数学家们的信仰,从而在心底涌出想要学数学的活力源泉,从心底里了解数学,爱上数学。比起硬性灌输知识,数学话剧这种形式的灵活性与高效性让人叹为观止。

感谢导演团队和老师给予我这次演出的机会,让我的演技得到提升,增进对数学的了解,尤其是数学史和数学家们的故事,让我对于数学似乎有了一种更加亲切的情愫。数学不仅有严谨理性,也有感性之美。数学文化的传播不仅可以由老师来传授知识,也可以通过数学话剧的形式来展现,在理性中寻找感性之美!希望有机会再参与其中,与大家共同搭建一座充满魅力的数学话剧之桥,再续数学之缘!

是的,话剧《数海巾帼》的故事与旋律将你我联系在一起,正是我们一道为此群策群力,才得以造就这些话剧演出的精彩!

数学的故事说也说不完。话剧,可以因为数学而无限精彩。原创数学话剧《数海巾帼》和话剧中的诸多数学女神期待以不一样的方式再现其七彩的故事传奇。

二

几何人生 II

——大师陈省身

舞台上，灯光渐亮处……PPT上呈现有如下的情景：或许因为是拉上窗帘的缘故，偌大的教室里光线并不亮。在教室的黑板上，隐约看到其上的文字："几何人生——大师陈省身"。同学们一排一排坐着，像是在看一部话剧电影。

画片在独坐在角落里的一名女生身上稍作停留。随后来到了话剧电影《几何人生——大师陈省身》的影像片段。

第一篇

几何人生 II
——大师陈省身

第一幕

第一场　最后的采访

> 时间：2004年11月
> 地点：天津
> 人物：(老年)陈省身，小记者(女)

［灯亮处，舞台上出现的是一名小记者在采访一位老先生的场景。

记　者　　今年的11月2日，有一颗小行星用您的名字命名了。

陈省身　　是的。

记　者　　以后就有一颗陈省身星了。

陈省身　　小得不得了。

记　者　　您把这个看成一个特殊的荣誉吗？

陈省身　　得了荣誉，热闹一下，看见几个有名的人也很有意思，好玩。

记　者　　好玩？

陈省身　　好玩就是，没什么要紧。

［记者看着他微微笑了笑，继续说道。

记　者　　有时候我们选择做一件事，是因为好多事我们都做得好，就挑一件做得最好，还有的是因为很多事我们都做不好，就挑一件做得不是那么差的，您选择数学是哪种情况？

陈省身　　我别的不会，现在还做数学，就是因为我别的不会，我数学还是做得蛮好的。

记　者　　您在求学过程中是怎么发现自己别的都做不好，只有数学可以做呢？

陈省身　我这个人有一个优点,就是我会跟不会……很容易看出来。我在 20 岁的时候,十几岁的时候,我跑步就跑不过女孩子,对不起,我百米跑也就 20 秒(在此稍停,笑声里),当时很不行,所以我不能运动。这个音乐,音乐我这个好坏听不出,好音乐、坏音乐听不出,好音乐也吵得很,我对于许多东西太无能了,所以结果就转到数学上来了。

记　　者　我看过您的资料,觉得您这个求学的这条路走得特别远。您看,从南开到清华,从中国到德国,又到法国,再到美国,怎么走了这么辗转的一条路呢?

陈省身　就是我对现状不满意,我要进步,我要做最好,我要做最好的东西。数学研究,数学研究最要紧的还是找名家,名家跟不名家很不一样。

记　　者　怎么不一样?

陈省身　他了解深刻,许多问题他想过,没有写成文章的,有许多意见都是值得学习的。

记　　者　像您到德国碰到的是布拉施克。

陈省身　布拉施克。

记　　者　在法国就是嘉当。

陈省身　嘉当当时是差不多都公认的最伟大的微分几何学家,是我这一行最伟大的,所有人都要看他。

记　　者　在您的数学人生里,德国汉堡这段求学时光肯定很是难忘的吧？也是在汉堡,您初次接触到埃利·嘉当——优美的外微分理论,后来萌发去巴黎跟随嘉当先生做研究的想法。

陈省身　是啊。那时候的汉堡,可谓是中国留学生的求学圣地哈……

　　　　　〔灯暗处,两人下。随后 PPT 上出现如下字幕。

第二场　汉堡的天空

> 时间：1936年前后
> 地点：德国汉堡
> 人物：陈省身，吴大任，陈鹉（女），周炜良

旁　　白　　20世纪30年代的汉堡大学，或许还没有哥廷根大学和柏林大学那样的盛名和数学传统，但它在学术上后来居上。布拉施克教授领衔的几何学研究享誉世界，在他到访中国后，汉堡大学更是迎来众多的中国年轻数学家——他们将经由此走向欧洲与世界。

［灯亮处，舞台上呈现的是众人在一酒吧聊天的情景。

陈省身　　我来给大家介绍一下，（指着周炜良，对吴大任、陈鹉道）这位是周炜良，曾就读于美国芝加哥大学。（稍停处，又指着吴大任、陈鹉，对周炜良道）
这两位是我在南开的同窗好友——吴大任、陈鹉夫妇。

吴大任、陈鹉　　你好！

周炜良　　你们好！

陈省身　　炜良兄在芝加哥大学毕业后，曾求学于哥廷根大学。现在嘛，则是在莱比锡大学——追随范·德·瓦尔登教授学习代数学！

陈　鹉　　在莱比锡求学……那怎么会出现在汉堡这边？

周炜良　　呃，不瞒两位，我常来汉堡，主要是为了听阿廷教授的精彩讲座。

陈省身　　啊哈，阿廷教授确是汉堡大学最年轻的，也是最具魅力的人物之一，他的学术讲演很是精彩，吸引着各地的青年才俊慕名而来，听

	他的讲座。(稍停后)不过呀,我们炜良兄之所以常来汉堡,还有一个更重要的目的,那就是为了赢得一位年轻女士——玛格特·维克多的爱情!
陈 鹓	哈哈,原来如此!有道是"关关雎鸠,在河之洲。窈窕淑女,君子好逑"啊!
吴大任	那可要预祝炜良"有情人终成眷属"!
周炜良	(微笑以和)谢两位吉言。不知你们又为何会来到汉堡?
陈省身	他们俩嘛,此前在英国伦敦读书,是被我忽悠来此的。
吴大任、陈鹓	是啊!现在的汉堡大学,可谓是中国留学生的求学圣地啊。
周炜良	没错。现今的汉堡大学呀,那可是众多年轻数学人的向往之地。除了布拉施克教授领衔的几何学研究享誉世界,还有赫克教授这位著名的代数学家,正是他首创用解析方法来研究代数数论……
陈省身	当然还有炜良兄的数学偶像——年轻的阿廷教授。
周炜良	哈,两位,其实跟随阿廷教授学习代数学也是一个很不错的数学选择!前不久范·德·瓦尔登教授出版有两卷本的《代数学》,就是根据阿廷和 E. 诺特的讲课整理而成的。
陈 鹓	我们可不敢夺人之美呢!
周炜良	在汉堡大学,还有一位值得瞩目的年轻学者——凯勒博士。省身的许多数学知识,都是跟着他学的。
陈省身	嗯,那倒是。由于布拉施克教授经常外出旅行讲学,我在汉堡的大多时间都是跟着他的助手凯勒博士学习数学。
周炜良	(转向吴大任、陈鹓)两位,你们知道吗?关于凯勒博士还有一段数学趣事。
陈 鹓	喔,什么数学趣事?
周炜良	这段数学趣事……说来还和省身有关呢。
吴大任	哦?这事竟然还和省身有关?!

周炜良	话说,省身刚来汉堡那时,恰逢凯勒博士为他的新书《微分方程组理论导引》开设了一个讨论班。这讨论班的第一天,系里几乎所有人,包括教授们都去了。
陈省身	嗯,布拉施克、赫克、阿廷三位教授都去了,我们每人都得到凯勒博士赠送的他的著作。
周炜良	不知道是因为书中的理论太过复杂,还是因为凯勒博士不善于讲课,这讨论班的参加者却是越来越少,两个月后,只剩下省身一个人。
陈省身	哈,尽管这个有点夸张,不过,最后确实几乎只剩下我一个人。
周炜良	哈哈,我没说错吧。
陈省身	现在想来,凯勒博士的讨论班让我受益多多!那时,我们经常在讨论班结束后去附近的小餐馆,边用餐边讨论各种数学问题。特别地,它让我认识到 E. 嘉当是一个伟大的数学天才,经由他创造的外微分形式的方法具有无比强大的威力……

[众人露出赞许与欣赏的神色,稍停后。

吴大任	哦……对了,听说立夫先生要来德国访学?
陈省身	是的。他说会先去哥廷根访学,然后再来汉堡大学待一段时间。
吴大任	啊,真怀念当初在南开立夫先生给我们上课的日子。
陈省身	嗯,那时他除了给我们讲微积分,还开设有复变函数论、线性代数、非欧几何等课程,这在当时的中国,当是最高水平。
陈 鸂	那时,立夫先生可谓是一人独自撑起一片天!他知识渊博,见事清楚,律己严格,足为我们后学者的楷模。
周炜良	听说姜先生的讲课水平非常之高,清晰而又严谨,造就了许多数学人才。姜立夫先生创办南开"一人系"的美名可在外流传啊!
吴大任、陈省身	那是!
陈 鸂	嗯。说到南开,这让我也想起一段大学期间的往事。

周炜良	哦？
陈 鸎	还记得在南开时，有一次男生在操场上练习开步走，我们女生在一旁观看。我发现，队伍中一个十六七岁的男生的脚步和同队人总是不合拍。
周炜良	然后呢？
陈 鸎	当他自己发现时，就倒一下左右脚。一圈走下来，时时倒脚，我们看了觉得十分可笑。然后旁边的同学告诉我：别看他不会开步走，他小小年纪已经是数学系三年级的高材生，他名叫陈省身。
周炜良、吴大任	省身弟可真是"人不可貌相"啊！
陈省身	哈哈，让各位见笑了！那真是……往事不堪回首啊。

[灯渐暗处，舞台上，众人下。随后PPT上出现如下字幕。

第三场　再见，西南联大

> 时间：1943 年
> 地点：昆明
> 人物：陈省身，杨武之，江泽涵，华罗庚，其他一众学生

［灯亮处，舞台上呈现的是一处军用机场的外围。不远处，有飞机起落——隐约的轰鸣声?! 在舞台的中央，有杨武之、江泽涵、陈省身等，还有一众学生。

陈省身　武之教授！泽涵兄！谢谢你们来为我送行！

杨武之　省身，你此去普林斯顿进修，期待在数学研究上大有作为，当真是可喜可贺！

江泽涵　是啊。省身！美国普林斯顿高等研究院，那可是当今年轻人梦中的数学天堂！

陈省身　此言不假！几年前我从法国留学归来，从欧洲转道美国返回中国，曾到访过普林斯顿的小城！那感觉……像是到科学殿堂去朝圣！

杨武之　哎。世事多变迁！想当初，20 世纪伊始，在数学上依然是法国和德国争雄的局面。法国有 H. 庞加莱，德国有 D. 希尔伯特，他们都是那时国际数学的领袖人物。伴随 10 年前那个黑色的春天，曾经如此辉煌的哥廷根学派黯然远去……然后是几年后——普林斯顿数理科学的异军突起。

江泽涵　嗯，当下的普林斯顿高等研究院，已取代欧洲成为世界数学的中心。那里有——爱因斯坦、H. 外尔、冯·诺依曼这三位数理科学的大师，(稍停处) 加上美国本土的三位数学家：维布伦(O. Veblen)，莫尔斯(H. M. Morse) 和亚历山大(J. W. Alexander)，其学术阵容真是强大哈！

杨武之　　喔，我想起来了，几年前——泽涵有到访过高等研究院吧?! 听说莫尔斯教授还是你在哈佛大学的博士生导师呢。

江泽涵　　是的。记得六年前，不……是七年前，我曾在普林斯顿高等研究院进修过一年，是1937年回的国！在普林斯顿，我有幸和爱因斯坦有过多次聊天呢。而在这些研究院的终身教授中，维布伦教授最是热情……

陈省身　　呵，巧得很呢。这次我受到邀请去普林斯顿高等研究院访学一到两年，正是源于维布伦教授的大力引荐呢！也是在他的斡旋之下，高等研究院同意支付我在研究期间的一切费用。

江泽涵　　这可真是奇迹啊。想想看，日前处于战争时期的美国，邀请一个中国数学家访问普林斯顿，研究和战争无关的纯粹数学，并且支付研究期间的一切费用，这不啻是一个神话。

杨武之　　珍珠港事件后，美国向日本宣战，战争全面爆发。在大西洋和太平洋两条战线上，美军都在作战，大量的人力和物力都得优先用于战争领域。此外，还有大批欧洲科学家难民需要安置。据说普林斯顿高等研究所自身的经费严重短缺呢……

〔华罗庚从舞台的一边上，声音从远处传来。

华罗庚　　省身，不好意思，我来晚了。

〔说到此处，人已来到陈省身等人面前，陈省身上前一步，说道。

陈省身　　哈哈，不晚……不晚，这不还没走吗?

华罗庚　　(和杨、江两位教授相互致意后，对陈省身说)你终于还是下定决心，再去外面的世界看一看了?!

陈省身　　是的。自1937年回国，来到西南联大已有五年之久。这些年来，虽说有许多从巴黎带回来的论文可以读，研究上也颇有收获，但毕竟昆明离数学的主流社会比较远，信息闭塞，思前想后，还是决定去美国普林斯顿访问一到两年，再见见世面。

华罗庚　　好样的！正好可以在外面看看——看看哪些领域是现代中国数学之发展所急需的?!

陈省身　　那是！

华罗庚　　这战时的西南联大，生活虽然简单清苦，但在学术研究上我们还是很有成效的。这些年在昆明的煤油灯下，我们可是都写了不少论文呐！哈哈，省身，你此去普林斯顿，我在昆明，咱们可得比赛比赛，看谁先在数学上取得重大的突破？！

陈省身　　嗯哈，正合我意！

华罗庚　　自珍珠港事件后，战火四起，这从中国到美国的旅途，可是充满风险呢。

陈省身　　没错。原本是想途经上海，和妻子幼儿告个别，再跨过太平洋去美国。可是，这太平洋上美国和日本正斗得欢呢。而由海路到美国，因为德国潜艇的攻击，也非常危险。民用航班则几乎没有，所幸还可以搭乘军用飞机去美国。

华罗庚　　那，一路保重！我在西南联大等你载誉归来！

陈省身　　这一道在西南联大共事的日子，让人怀念啊！（看了看不远处的同学们）说来还真是不舍，这些优秀的学生的培养只能暂时拜托诸位啦！（稍停处）不磨蹭了。那边的飞机在等我呢！

〔陈省身依次和杨武之、江泽涵、华罗庚等握手。

杨武之　　一路珍重！

江泽涵　　旅途平安！

华罗庚　　保重！我在西南联大等你载誉归来！

陈省身　　谢谢武之教授！泽涵兄、罗庚！（稍停处，向不远处的众人挥手辞别）谢谢各位同事和同学们，谢谢你们来为我送行！

〔说完后，走向远方的征途。

众学生们　　陈教授一路保重！我们等待您早日载誉归来！

〔灯暗处，舞台上，众人下。随后 PPT 上出现如下字幕。

第二幕

第一场　这里有一项作业

> 时间：21世纪的某一天
> 地点：E大图书馆
> 人物：青瑶，黄贝贝

［灯亮处，舞台上呈现的背景是E大图书馆的场景。青瑶从舞台的一边上。

青　瑶　（把书包放在一把椅子上，语道）几何人生，大师陈省身！因为你，我又多了一项作业。可是……这样的一部话剧，我当如何写起呢？

［黄贝贝从舞台的一边上，来到青瑶边上。

黄贝贝　（轻轻地拍了拍青瑶的肩膀，笑道）青瑶！

青　瑶　（转头道）哦，贝贝！

黄贝贝　你今天怎么在图书馆？

青　瑶　（笑道）我为什么不可以在图书馆？

黄贝贝　好吧。我可是好久没见你在图书馆了。

青　瑶　嗯。今儿来找本书。

黄贝贝　需要我帮忙吗？

青　瑶　不用。谢谢！你忙你的吧。

黄贝贝　好的，那晚上见！

［挥了挥手，从舞台上下。

青　瑶　晚上见！

〔挥了挥手,走向图书馆检索区。然后走向某个书架,那里看似有许多数学类的书。

青　瑶　陈省身,这可是一位很著名的数学家呢!可是为何关于他的传记却是这么少?!数学,数学家的世界……果然没有太多可以娱乐的天空?!

〔然后她看到一本书,这书显得有些陈旧,书页都已经泛黄,但并没有什么磨损。

青　瑶　喔,这里有一本《陈省身传》!数学家的传记,肯定是没有多少人看的吧?!(她抽出那本书,翻了两页,正好看见一幅陈省身先生的画像——同步经由PPT呈现先生的画像)原来他长这般模样?!如此著名的一位大数学家,竟是这般富有亲和力!他就这么优雅地站着,脸上洋溢着浅浅的不动声色的微笑。这位慈祥的、和蔼可亲的老人真的是一位蜚声数坛的大师么?!(忽然,像是想到点什么)哦,这是在哪年,又是在哪里拍的这张相片?在他的背后,又缘何会有这些树木与风景?……

〔青瑶继续翻动着书卷……忽然,有一枚书签从书中掉落。

青　瑶　(惊讶地)咦,这是什么?(弯下身去,捡起书签,看了看)这书里面怎么会夹有一枚书签?为什么会这样?!等等,这上面还有一段文字(看着书签,她阅读道):

"享受当下的快乐,因为这一刻正是你的人生!"

〔灯暗处。随后PPT上出现如下字幕。

第二场　你知道陈省身么

> 时间：21世纪的某一天
> 地点：E大的学生寝室
> 人物：青瑶，黄贝贝

［灯亮处，舞台上呈现的是一大学寝室的场景。在典雅的格调里，书架上摆着一些书，大多都是古代文学。而在青瑶的书桌上，放着那本《陈省身传》。

黄贝贝　青瑶，你借到想看的书了吗？

青　瑶　（指着桌上的《陈省身传》，努了努嘴）嗯。在那儿呢不是?!

黄贝贝　（拿过书，看了看封面）《陈省身传》？这……陈省身是何许人物？

青　瑶　他是一位数学家。

黄贝贝　数学家？他很有名吗？

青　瑶　嗯，很有名。非常……非常的有名！听说他在国际数学界，比华罗庚还有名呢！

黄贝贝　（惊讶地）啊，竟然比大名鼎鼎的数学家华罗庚还有名？那怎么以前……以前我们在中学时代都没有听说过他?!

青　瑶　是呀。要不是今天的数学文化课上……老师隆重介绍，我还真不知陈省身如此有名。

黄贝贝　（随手翻了翻书，递给青瑶）想不到啊，青瑶你竟然会看起这样的书。那可真是稀奇?!

青　瑶　（接过黄贝贝递过的书）是呀，我自个儿也觉得很稀奇。可是，那有什么办法呢，我需要完成一项Homework！

黄贝贝　　Homework?! 你有作业与这书有关……

青　瑶　　是的。今天在我们的文化课上看了一部数学话剧。

黄贝贝　　数学话剧？啊？数学竟然还可以有话剧?!

青　瑶　　是不是有点稀奇?!

黄贝贝　　绝对稀奇！

青　瑶　　更为稀奇的是，课后老师给我们布置了一项作业，竟然是……写一部有关数学的话剧！

黄贝贝　　让你们写数学话剧？……你们老师也够另类的。

青　瑶　　嗯……不过，我还是蛮喜欢这项作业的。比起数学中密密麻麻的、繁琐冗长的公式演算，还有那些莫名其妙的符号语言……这个创作数学话剧的主题还是蛮有趣的！

黄贝贝　　这倒是。说不定你会一举成名呢！

青　瑶　　喔？一举成名……哈哈，那可真期待呀。

黄贝贝　　那你今天去图书馆借书，就是为了写一部有关陈省身的数学话剧？

青　瑶　　嗯。我准备细读一下这部《陈省身传》，写一部青瑶版的《几何人生——大师陈省身》！

黄贝贝　　（望着青瑶，笑道）如此……如此让我们期待青瑶的佳作早日问世吧。

［灯暗处，舞台上，两人下。随后PPT上呈现如下字幕。

第三场　心灵与天空

> 时间：21世纪的某一天
> 地点：E大的图书馆
> 人物：青瑶，乐之影

〔灯亮处，舞台上的一角，出现青瑶的身影，她坐在一书桌前，边上有一笔记本电脑。窗外正在淅淅沥沥地下雨，天色阴沉沉的。

〔舞台的另一边，隐约还有一人影，那是乐之影。

青　瑶　这样的天气,我竟然会来图书馆?!（翻开《陈省身传》，拿起书中的那枚书签）可是，这枚书签上的这句话——是什么意思呢？（看着书签一面上的文字，轻轻地读了出来）

　　　　　　　我在这里
　　　　　　　等待着那心之陋室窗外
　　　　　　　你的灵犀一动

〔后面的署名是乐之影，装载这些文字的书签设计当颇为独特，拟以"勒洛三角形"的边框。

多奇怪的文字呀?!（她盯着这上面的文字一会儿，再翻转，开始阅读书签另一面的文字，其上如此写道）

　　　　　　享受当下的快乐，因为这一刻正是你的人生。

〔在这段文字后，则（有点奇怪地）留有一个邮箱地址。

〔青瑶阅读着这书签上面的文字，随后打开桌上的笔记本电脑，开始写邮件。

青　瑶　（做写 E-mail 状）

乐之影,你好!

给你写这封信,许是因为好奇。我在《陈省身传》这本书中发现了你留下的书签,还有你——不知是不是故意——留下的 E-mail 地址。

你写的那段富有诗意的文字——"我在这里,等待着那心之陋室窗外,你的灵犀一动",令我费解。恕我才薄,这句话应该和印度文学大师泰戈尔的《园丁集》的某些小诗有关联吧?是什么让你将这两者联系起来的呢?

我个人觉得,尽管陈省身是一个著名的数学家,但数学家的传记总是枯燥乏味,少人问津,是什么让你借了这本书,还特意在书中留下书签和文字?若有冒犯之处,望谅解。

[在其后署名"青瑶",点"发送"。

[合上笔记本电脑,重又打开《陈省身传》看着。

青　瑶　这《陈省身传》,读着倒也不是那么无聊,这数学大师的人生呀,除了数学,还可以有点什么呢?若慢慢地咀嚼其中的一些故事片段,也是蛮有趣的。嗯,大师陈省身,他能得到这么多人的尊重和仰慕,无疑有着巨大的人格魅力……

[笔记本电脑中似有消息提示:"嘀嘀"的响了几下。那是乐之影的来信。

乐之影　青瑶,你好!收到你的信件我很意外,也很欣喜。

诚如你信中所言,数学家们的传记,很少有人问津。当初我之所以会想到借阅《陈省身传》,或许因为我是学数学的。我曾是 E 大数学系的一名本科生。你知道,大学时期的数学枯燥,严谨,富有理性。于是有一次在闲暇时,我借阅了《陈省身传》。大师的数学人生,果然让人深受启发。这让我联想到一句话:享受当下的快乐,因为这一刻正是你的人生。那是数学家兼诗人奥马尔·海亚姆的名言。同时我也好奇于是否可以"遇见有相似经历的同学",因此留下了书签和那些文字。

至于你信中谈及的那句话"我在这里,等待着那心之陋室窗外,你的灵犀一动",却也是我当时那一刻阅读到陈省身先生最伟大的数学工作时的一点点感悟。你猜对了,这首小诗的写作灵感,是来自印度诗人泰戈尔的《园丁集》中的一首充满哲理的诗句:

我的心是旷野的鸟,在你的眼睛里找到了它的天空。(My heart, the bird of

the wilderness, has found its sky in your eyes.）

不过所有这些都是当时的想法了；现在我想到的是，因为书签上的一句话相互认识，这才是天大的巧合啊。

［青瑶看着她的笔记本电脑有些发愣。没想到这么快就得到对方的回答。

青　瑶　（手来回抚摸着键盘，犹豫着）我应该回复他吗？

［"嘀嘀"，却听 QQ 有消息提示。

乐之影　加个好友吧。

青　瑶　你怎么知道我的 QQ 号？

乐之影　你的邮箱是 QQ 邮箱呢！

青　瑶　……哦？！

乐之影　（打好一串文字后，又删除了，重新输入）我以为像这样的书，都不会有人看呢，没想到 5 年之后，这书中的书签还在？更没想到……有人竟然真的会给我写信？！

青　瑶　这是作业的一项。

乐之影　（输入文字）哦？想必这部传记你也读了不少，你认为陈省身先生的故事如何？

青　瑶　（停顿了几秒钟）还在看，感觉他的数学人生富含传奇。

乐之影　是的。1911 年，陈省身出生于江南水乡浙江嘉兴。他选择数学几乎是一个传奇：小学只上了一天，中学连跳两级，15 岁考上南开大学，大三成为老师助手，23 岁赴德留学，只用了一年就获得了数学博士学位。

青　瑶　啊。看来陈省身真是一个数学天才！

乐之影　我想，他自己并不这么认为——

青　瑶　哦？

乐之影　隐约记得，在生前的一次采访中，陈省身先生说，他在数学上的成功，除了天分，还有一半来自运气。

青　瑶　运气？

乐之影　　你知道中国第一位数学研究生是谁吗？

青　瑶　　谁？是陈省身么？！

乐之影　　恭喜你！答对了。1930年，陈省身先生南开大学毕业，恰逢清华大学这一年创办我国的第一个研究生院，于是他报考了清华大学研究生。

青　瑶　　嗯。记得他的传记上说，1931年清华总共录取8名研究生，陈省身的学号是002。

乐之影　　在清华期间，他师从孙光远教授学习射影微分几何，可以说一切顺利，小有成就。谁能料到，一次偶然的讲座改变了陈省身的一生……

青　瑶　　很幸运，他遇见了布拉施克教授？

乐之影　　是的。1932年，德国汉堡大学布拉施克教授应邀来到北京大学讲授几何学，陈省身每次都去听讲，并做详细的笔记。布拉施克教授的理论简要深刻，趣味无穷，出于对布拉施克的景仰，陈省身硕士毕业后申请去了德国汉堡大学留学。

青　瑶　　听说那时的汉堡大学可是中国留学生的数学天堂呢。

乐之影　　不过，由于布拉施克教授经常外出讲学，陈省身接触最多的是他的助教凯勒博士。正是在凯勒博士的研讨班里，陈省身先生逐渐认识到了大数学家埃利·嘉当的理论。

青　瑶　　这位名叫埃利·嘉当的数学大师算得上20世纪最伟大的几何学家吧？！

乐之影　　嗯。"千古寸心事，欧高黎嘉陈。"不过这位大师的论文却是非常晦涩深奥，数学界少有人能看懂。但——陈省身却并不感到困难，他对嘉当的理论渐生兴趣。不到一年，陈省身就利用嘉当方法在微分几何中的应用，完成了自己的博士论文。

青　瑶　　后来陈省身去了法国巴黎，追随埃利·嘉当学习数学？！

乐之影　　是的。在布拉施克的推荐下，陈省身又前往法国拜嘉当为师，在巴黎追随嘉当的这10个月，当是陈省身先生一生中最幸福的数学人生……

青　瑶　　陈省身先生真的很幸运！

乐之影　　除了幸运，陈先生之所以成为数学大师，还在于他的不断奋斗的科学精神。

从青年时代起,他就一步步地朝着世界数学的高峰前进。开拓、创新、奋进,勇往直前,踏足现代微分几何学的数学殿堂。

青　瑶　　嗯。这倒是。

乐之影　　1937年从法国回国,陈省身一直任教于西南联合大学,直到1943年,陈省身接受邀请前往美国普林斯顿高级研究所从事数学研究。这一年,32岁的陈省身完成了关于高维的高斯-博内定理的内蕴证明,这或许是陈省身一生中最重要的数学工作……

青　瑶　　这会是一个非常高深的数学故事吧?

乐之影　　(看了看窗外,敲击键盘)是的,或许不是。这一最伟大的数学故事其实可以从最简单的三角形内角和定理说起。有点奇怪吧?喔,外面雨下大了,我马上就得走了,以后再聊吧。

青　瑶　　你那边也下雨?

乐之影　　(一边收拾一边打字)嗯,再聊,Bye-Bye!哦,对了,忽然想到去年看了一部关于陈省身的话剧电影《几何人生》,挺有意思的,你可以看看。——

〔舞台的一边,乐之影收拾好东西后,下。

青　瑶　　谢谢!(顿了顿,继续打字)我正好前段时间看了这部话剧,的确十分有意思,不过还不曾来得及看完。

〔舞台的这一边,青瑶还在,将上面的这条消息发送后,她打开了网络链接,接着课上还没有看完的话剧视频继续看下去。

〔灯暗处,舞台上,青瑶下。随后PPT上出现如下字幕。

第三幕

第一场　让我们从三角形内角和定理谈起

> 时间：1943 年前后
> 地点：美国普林斯顿高等研究院
> 人物：陈省身，CHE(陈省身思想的化身)

〔灯亮处，舞台上出现陈省身和他思想的化身 CHE 的身影。经由 PPT 上出现如下文字：对任何一个三角形，其三个内角之和：

$$\triangle ABC: \angle A + \angle B + \angle C = \pi。$$

陈省身　众所周知，平面上任何一个三角形的三个内角之和等于 180 度。

CHE　是的。这一经典的结论是欧氏几何的一大基石，被称为三角形内角和定理。

〔随后 PPT 上出现如下文字：

对于一个常曲率测地三角形 $\triangle ABC: \angle A + \angle B + \angle C - \pi = K \cdot S$。

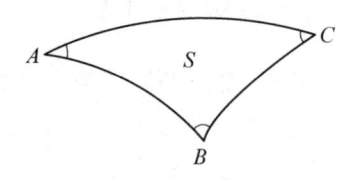

其中 S 为所围成的测地三角形的面积，K 为曲面的曲率。

陈省身　在欧几里得之后两千年，高斯推广了这个定理。他说："对曲边三角形来说，这个和(三角形内角和)可能大于 180 度，也可能小于 180 度。"

CHE　高斯的这一定理出现在 1827 年，他的一篇具有里程碑意义的数学论文里。（经由 PPT 或可同步出现高斯的画像以及这篇论文的名称）

高斯,《关于曲面的一般研究》,Disquistiones Circa Superficies Curvas,1827

陈省身　后来博内(Pierre Bonnet)又把高斯的这一公式推广到以一条任意曲线为边界的单连通区域。(稍作停顿,随后 PPT 上出现如下文字)

高斯-博内定理(Gauss-Bonnet 定理):若 M 是一闭曲面,K 是高斯曲率,则我们有

$$\int_M K\,\mathrm{d}S = 2\pi \cdot \chi(M),$$

其中 $\chi(M)=$ 欧拉-庞加莱示性数。

陈省身　高斯-博内定理的伟大,在于它架起了(微分)几何学——局部不变量和整体不变量之间的一座桥——数学桥。

CHE　这一定理的发展,以及如此简洁的形式背后,还有其他数学家——如欧拉和庞加莱——的功劳;因为这公式右边的 $\chi(M)$ 被数学家叫作欧拉-庞加莱示性数——它是曲面的一个拓扑不变量。

陈省身　高斯-博内定理的高维推广,始于霍普夫(H. Hopf)。

CHE　噢,这位霍普夫先生可谓是 20 世纪初年最伟大的几何和拓扑学家!

陈省身　他于 1925 年证明了 $\mathbf{R}^{2n+1}$ 超曲面上的高斯-博内公式。在此后的一篇文章中,他如是写道:"任意黎曼流形上的高斯-博内问题,将会是微分几何中最重要的也是最困难的问题之一。"

CHE　时间的步履,是否依然在 20 世纪 20 年代里徘徊?

陈省身　(稍显兴奋地)经过多年的等待,这一问题终于有了新的进展。三年前,艾伦多弗(C. B. Allendoerfer)和费恩雪尔(W. Fenchel)独立地把经典的高斯-博内定理推广到一个可以嵌入到欧氏空间中的可定向的闭黎曼流形。

CHE　时间呀,可溜得真快!转眼间,是否又是二十年?

陈省身　(兴奋地)借助于外尔(H. Weyl)的管体-体积公式,随后艾伦多弗和韦伊把高斯-博内公式推广到闭黎曼多面体……

CHE　只是他们的证明是如此的复杂难懂——而且是外蕴的——因为他们的证明仍然要用到"将流形等距嵌入到欧氏空间"这一数学设想。

陈省身	如何将高斯-博内定理推广到一般的黎曼流形的情形——寻找一种不基于外部空间的内蕴证明,会是一个很有意义的事情。(稍作停顿,沉吟道)
	可是,我该怎么做呢?格拉斯曼引入了外形式,而 E.嘉当引进了外微分运算。他的 Pfaff 方程组理论和延拓理论创造了可以用来解决几何中等价问题的不变量。(稍作停顿,似陷入长时间的沉思)对了,嘉当先生的外微分方法会是一大强而有力的工具!
CHE	那是 E.嘉当传承下来(给陈省身)的数学-微分几何的魔杖。
陈省身	经由此我们可定义一个 n-阶外微分形式 Ω?(稍作停顿,沉吟道)嗯,借助嘉当先生的外微分方法,我们可在 M^{2n}-给定的黎曼流形上定义一个内蕴的 $2n$-阶外微分形式 Ω,它等于 M^{2n} 上的一个函数乘体积元素。

[经由PPT呈现他在黑板上修修改改,最后涂鸦为如下模式:

$$\Omega := (-1)^{n-1} \frac{1}{2^{2n} \pi^n \cdot n!} \sum \varepsilon_{i_1 i_2 \cdots i_{2n}} \Omega_{i_1 i_2} \Omega_{i_3 i_4} \cdots \Omega_{i_{2n-1} i_{2n}}$$

CHE	可以想象,这一微分形式在 M^{2n} 上的积分当是 M^{2n} 的欧拉-庞加莱示性数 $\chi(M)$。
陈省身	(带几许兴奋地沉吟道)我觉得这一微分形式在 M^{2n} 上的积分就是 M^{2n} 的欧拉-庞加莱示性数 $\chi(M)$!

[随之PPT上的公式变幻为如下形式:

$$\int \Omega = \chi(M)$$

CHE	这是一个绝妙的猜想!可是当如何证明呢?
陈省身	黎曼几何及其在微分几何中的推广有局部的特征。让我感到很神秘的是,我们确实需要一个整体的空间把每片邻域连接起来。这可以用拓扑来完成。(稍作停顿,指着 PPT 上的文字,说道)且看这一等式的两边,一边连接内蕴几何,另一边则连接代数拓扑学。
CHE	这一奇妙的等式架起了一座连接内蕴几何和代数拓扑学的数学桥。
陈省身	可是,我们如何才可找寻到一个内蕴的证明呢?关于这一定理二维的情形,三年前还在西南联大时,我曾给出一个最简单的证明。高维的情形又如何呢?(随后进入一段时间的沉思)

CHE　　　《道德经》。想想看,那年你初到普林斯顿,曾在爱因斯坦先生的家里看到书架上放着老子的《道德经》。当然,那是德文版的。

陈省身　　嗯,为了证明这一点,让我们关注流形 M 上的单位切球丛,看看是否可以从其丛上找到一形式 II,使得 II 是 Ω 的提升。(同步经由 PPT 呈现他在黑板上的修改过程,通过一动态的模式,最后涂鸦为如下模式)

$$\Omega = (-1)^{n-1} \frac{1}{2^{2n} \pi^n \cdot n!} \psi_{n-1} = d\text{II},$$

$$\text{II} = \frac{1}{\pi^n} \sum_{m=0}^{n-1} (-1)^m \frac{1}{1 \cdot 3 \cdots (2n-2m-1) m! \, 2^{n+m}} \Phi_m,$$

$$\Phi_k = \varepsilon_{i_1 \cdots i_{2n}} u_{i_1} \theta_{i_2} \cdots \theta_{i_{2n-2k}} \Omega_{i_{2n-2k+1} i_{2n-2k+2}} \cdots \Omega_{i_{2n-1} i_{2n}}, \quad k = 0, 1, \cdots, n-1,$$

$$\psi_k = \varepsilon_{i_1 \cdots i_{2n}} \Omega_{i_1 i_2} \theta_{i_3} \cdots \theta_{i_{2n-2k}} \Omega_{i_{2n-2k+1} i_{2n-2k+2}} \cdots \Omega_{i_{2n-1} i_{2n}}, \quad k = 0, 1, \cdots, n-1_\circ$$

陈省身　　哈哈,这真是一个有趣的过程,我们不妨把它叫作……叫作……

CHE　　　叫作"超渡"!是的,不妨叫作"超渡"!在不久的未来,这一崭新的概念将在几何学的世界大放异彩。整体拓扑通过纤维丛以及切球丛上的超渡,与内蕴几何建立了联系。这真是一个奇妙的发现!

陈省身　　嗯。经由 E. 嘉当的外微分方法,纤维丛的观念,可把高斯-博内公式看作是庞加莱-霍普夫不动点定理的度量表示。(稍作停顿)是的!经由霍普夫向量场定理的哲思,我们在流形 M 上定义一个具有唯一奇点的单位向量场……然后经由斯托克斯定理和欧拉-庞加莱-霍普夫定理即可得到最后的证明。

〔灯暗处,舞台上,两人下。有旁白出。

旁　白　　陈省身先生的这篇划时代的论文大约完成于 1943 年冬。后被发表在国际知名杂志《数学纪事》(*Annals of Mathematic*)上,它只有短短的 6 页。然而这一简单的证明却把微分几何学带入了一个新的时代。

〔随后 PPT 上出现如下字幕。

第二场　壶中日月有几何

> 时间：二十世纪七八十年代
> 地点：美国伯克利大学
> 人物：陈省身及其夫人，杨振宁

〔灯亮处，舞台上呈现有客厅一隅，陈夫人在做着家务。不远处的书房，陈省身在静静地读一部书——比如《红楼梦》。

〔杨振宁从舞台的一边上，摁响了门铃声。

陈夫人　　（上前去开门）哦，是小杨来啦！

杨振宁　　郑大姐，你好！

陈夫人　　小杨，请进！

杨振宁　　（看了看屋内的景象）哦，你在做家务呀。陈教授呢？

陈夫人　　（努了努嘴，小声笑道）他呀，在书房里看书呢！无时无处不在思索数学问题，也因此不知他何时何处在思索数学问题。

杨振宁　　哦？那我找他聊聊天。

陈夫人　　（微微笑着，手指向那书房的方向）去吧。（随后从舞台下）

〔光影聚焦在杨振宁和陈省身这边的舞台。

杨振宁　　陈先生，在看什么书呢？

陈省身　　喔，振宁！什么风把你吹了来？

杨振宁　　可不？这几天有一些物理学上的新发现，特意来和您聊聊天。

陈省身　　（笑道）如此……请坐！

[杨振宁坐下。

杨振宁	还记得多年前,我在纽约长岛的布鲁克海文实验室(Brookhaven Laboratory)做访问研究,恰逢米尔斯博士在那里做博士后,我们俩有过合作研究。
陈省身	嗯。杨-米尔斯(Yang-Mills)理论,已是现代物理学-规范场理论的基础。
杨振宁	当时我们想将电磁学中的麦克斯韦方程加以推广,把同位旋作用考虑进去。后来联合发表了一篇论文,在美国《物理评论》上。
陈省身	真不错!
杨振宁	文章发表之后,一时没有太多反应。然后差不多在十年后,我们才开始意识到它的重要性——它或许是"十分重要"的。
陈省身	喔,是吗?
杨振宁	记得大约在1967年的某一天,我正在给学生上广义相对论的课,突然发现规范场方程和黎曼几何中的一个公式是如此的相似。直到最近,在听了西蒙斯教授所做的一系列午餐后讲座后,我发现物理学中规范场理论和数学中的微分几何有着如此奇妙的联系。
陈省身	(惊奇地)规范场理论竟然会与微分几何有联系?
杨振宁	非交换的规范场与纤维丛这个美妙的理论在概念上的一致,对我来说是一大奇迹。特别是数学家在发现它时没有参考物理世界。你们数学家是凭空想象出来的。
陈省身	不,不,这些概念不是凭空想象出来的,它们是自然的,也是真实的!
杨振宁	是么?这种数学与物理学的惊人一致真让人感到困惑呢。
陈省身	这确实让人惊奇,"数学在物理中有超乎寻常的有效性"。而在我看来,数学能够超前描述客观世界的理由或在于"科学本身的整体性"……

[说到此处,舞台边上传来一个声音。

陈夫人	两位科学家,到饭点了,还是先来吃饭吧!

〔两人起身,灯渐暗处,舞台上,两人下,有旁白出。

旁　　白　　物理学与几何学的遇见,竟然可以这样的模式和谐统一。"杨-米尔斯"规范场理论,和陈省身构建的纤维丛理论,原来是一头大象的两个不同部分。宇宙的奥秘是物理学家发现的,却是用数学语言写成的。数学和物理的遇见,本是如此奇妙!

〔灯亮处,舞台上,出现有陈省身和陈夫人的身影。

陈省身　　(手中拿着一封信)是炜良的来信,信中说,他即将从霍普金斯大学退休了。

陈夫人　　时间过得真快呀。周炜良来美国,已经有30年了吧。

陈省身　　(微微一笑,说道)是啊,时间过得真快,转眼又30年过去了。炜良同我于1934年10月在德国的汉堡初次相见,那可是四十多年前的事了。我们的这位老朋友,他的数学人生可是传奇得很呢。

陈夫人　　哦?

陈省身　　他最初学的是经济学,后转学物理学,最后……最后却成为一位数学大师!

陈夫人　　(笑道)嗯。不过,他的数学传奇里可是有你的功劳呀!

陈省身　　(跟着笑了笑)那倒是。你看,他在信中还特意向我致以感谢呢!

〔他把手中的信递给了陈夫人。

陈夫人　　(接过信,念道)"……就我个人而言,我将永远记得,主要是由于你的忠告,我才会在战后回到数学。在我一生的关键时刻,若没有你的鼓励,我不可能对数学做出哪怕是十分微薄的贡献。为此,我将永远对你怀着感激之情。"

陈省身　　(带有几分缅怀地)还记得30年代在德国初见炜良兄时,他风华正茂,追随著名数学家范·德·瓦尔登教授学习数学……我们后于1946年在上海重逢。十年战事,炜良实际上已经中止了他的研究。正是在我的劝导下,他再次回到数学上来……

陈夫人　　再回首,已是十年未碰数学,那可真不容易。

陈省身	嗯。因此他后来在数学上相当成功,我简直视之为奇迹。以1947—1949年在普林斯顿高等研究所从事研究为起点,此后他便受聘于约翰斯·霍普金斯大学。在数学的诸多领域——特别是在代数几何领域,炜良做出了许多重要的贡献!
陈夫人	(笑道)瞧你眉飞色舞的样子,看似比他自己还高兴呢!
陈省身	那是自然。炜良的成功,不也可以成就我数学人生的一部分吗?!
陈夫人	如此说来,你的人生可就充满数学传奇哈。周炜良,吴文俊,P. 格里菲斯,J. 西蒙斯……有不少大数学家都有得到过你的帮助和影响呢。
陈省身	哈哈,还是夫人会算账。不过,我的数学人生之所以如此传奇,还得感谢有你!所有这一切,都离不开夫人你的默默支持和帮助呢!
陈夫人	嗯,你知道就好!(稍作停顿,轻声念道)三十六年共欢愁,无情光阴逼人来。

〔两人相视一笑。

陈省身	摩天蹈海岂素志,养儿育女赖汝才。
陈夫人、陈省身	幸有文章慰晚景,愧遗井臼倍劳辛。 小山白首人生福,不觉壶中日月长。

〔灯暗处,舞台上,两人下。随后PPT上出现如下字幕。

第四幕

第一场　书中自有颜如玉

> 时间：21世纪的某一天
> 地点：E大学生寝室
> 人物：青瑶，黄贝贝

[灯亮处，舞台上呈现的是E大的寝室场景。在临近窗边的角落里，青瑶独自一人在静静地看着书。

[黄贝贝从舞台的一边上，将书包放下。

黄贝贝　都这么晚了，寝室里怎么还只有你一个人？夭珂和颖儿呢？

青　瑶　她们俩呀，还没有回来呢。

黄贝贝　这两个小妮子，都这么晚了，还不回寝室？！这有男朋友的人啊——就是不一样。

青　瑶　（翻阅着手中的《陈省身传》）嗯。

黄贝贝　哎，我说青瑶，你说你整天窝在寝室里。你怎么不像她俩一样，找个男朋友……谈场恋爱？！

青　瑶　贝贝，可别说我……你不是也一样吗？

黄贝贝　我呀……等忙完这学期的勤工助学，我也去找个男朋友。连我的文学偶像张爱玲都说，恋爱要趁早呀。

青　瑶　"恋爱要趁早"，这句话可不是张爱玲说的。

黄贝贝　这话不是张爱玲的经典名言么？

青　瑶　"啊，出名要趁早呀！来得太晚的话，快乐也不那么痛快……"这才是张爱玲说过的话,出自 1944 年 9 月版的《传奇》。

黄贝贝　哎呀,我们青瑶懂得可真多。(瞥见青瑶手中的书)还在看那个《陈省身传》呢?

青　瑶　嗯。

黄贝贝　如今呀,上海几所知名高校的 BBS 都开设有名叫"鹊桥"的板块,帮助在校大学生寻找"人生伴侣"。其人气可高得很呐!听说咱们院里有不少学姐都在 E 大 BBS"鹊桥"上挂了牌……

青　瑶　咱们 E 大 BBS 上有"鹊桥"板块么?

黄贝贝　没有么?呃,那我们可以委托 FJ 的同学朋友帮个忙,跨校注册发帖看帖,以提高命中率。

青　瑶　贝贝,你这是想恋爱想疯了吧?

黄贝贝　(笑道)还真是!喔,真有那么一点点想恋爱的冲动呢!青瑶……还记得,前段时间我们一道看过的那一部电影《怦然心动》么?那曲中有一幕真让人心动——

青　瑶　Some of us get dipped in flat, some in satin, some in gloss … But every once in a while you find someone who's iridescent, and when you do, nothing will ever compare …

黄贝贝　"有人住高楼,有人在深沟,有人光万丈,有人一身锈,世人万千种,浮云莫去求,斯人若彩虹,遇上方知有……"啊,为何没在我的小学时代,遇见一位梦中的他,让我有种"怦然心动"的感觉?……

青　瑶　呵,贝贝,有一天,你会有的。

黄贝贝　唉……青瑶,你说,爱——究竟是一种什么样的感情呢?

青　瑶　(哑然失笑)我怎么知道?或许谈几场恋爱,就能懂了。

黄贝贝　爱是不是彼此一生的守护?爱一个人是不是意味着就会选择守着她(他)一辈子?就像许多电影中描绘的一样?

青　瑶　或许吧。

［舞台上，有一段时间（比如10秒钟）的沉默。

黄贝贝　青瑶，你在想些什么？

青　瑶　贝贝，你说爱情是人生的必需品吗？

黄贝贝　为什么这样问呢？没有什么是人生必需的，只看你想不想要而已。（轻轻咳了一声）爱情？还是得看缘分的吧。

青　瑶　（轻笑了起来）其实——我觉得陈省身先生和他夫人之间的爱情故事挺美的。

黄贝贝　哦?!

青　瑶　这是一种相濡以沫的爱情，所谓平平淡淡最是真！（稍停后，轻语道）尽管这位大师的数学故事精彩纷呈，有趣的是，他的生平却看似平淡无奇。这里没有硝烟弥漫的战场，没有引人入胜的侦探故事，更没有五彩缤纷的感情世界。他所拥有的，只是令人目眩的数学天地。

黄贝贝　俗话说"每一个成功男人的背后，都有一个伟大的女人"，这位陈师母或许就是这样一位伟大的女性吧？

青　瑶　那是肯定的。陈省身先生家里的一切大小事情，都由夫人打点，他可说是"撒手不管，但是称心如意""小山白首人生福，不觉壶中日月长"。也正是他们俩的相知相依，创造了一个数学神话。

黄贝贝　（打趣道）青瑶，你该不是想嫁给一位数学家吧？

青　瑶　（微笑道）不可以么？

黄贝贝　（笑道）可以，可以……（忽然像是想起点什么）啊，青瑶，你对科学家的人物漫画这一主题有兴趣么？

青　瑶　（沉吟着）嗯，这些天看了这部《陈省身传》，算是有点吧……怎么啦？

黄贝贝　（从书包里拿出了两张有关展览的入场券）下个星期，在E大图书馆将会有一场关于科学家人物漫画主题的展览，你若有兴趣的话，可以去看看。

青　瑶　谢谢你，贝贝！

［灯暗处，舞台上，两人下。随后PPT上出现如下字幕。

第二场 我在这里

> 时间：21世纪的某一天
> 地点：E大图书馆展厅
> 人物：青瑶，乐之影

〔灯亮处，舞台上呈现的是E大图书馆展厅的场景。经由PPT或可呈现一些关于科学家的人物漫画或涂鸦的作品上。

〔青瑶亦在其上，她走在展厅里，看着诸多关于科学大师们的人物漫画或涂鸦，不知不觉间走到一幅画前，停下了脚步。面前的画作是关于陈省身和杨振宁这两位科学大师数理科学对话的情景。她看着画作上的诗篇，读道：物理几何是一家，共同携手到天涯。黑洞单极穷奥秘，纤维联络织锦霞。进化方程孤立异，对偶曲率瞬息空。筹算竟有天人用，拈花一笑不言中。

〔舞台一边，乐之影上。看着画，慢慢地来到青瑶身边。

乐之影　（看了看青瑶，问道）你也喜欢这画作吗？

青　瑶　（被突然响起的声音惊得回过神来，看着乐之影讶然道）……乐之声（影）？！

乐之影　（有点惊讶地）你是？

青　瑶　初次见面，你好，我是青瑶。

乐之影　（从惊讶中回过神来，露出笑容）你好，青瑶。想不到我们这么有缘分。

〔背景音乐响起。两人相视而笑，画片可定格5—10秒钟。随后灯光渐暗。

〔待灯再亮处，舞台上出现青瑶、乐之影的身影，两人坐在图书馆走廊的一条长椅上。

青　瑶　（伸出手，笑着说道）再次认识一下，我是青瑶，叫我青瑶吧。

[两人握了握手。

乐之影　你好，青瑶。

青　瑶　想不到会在这里遇见你……你是特意来看这科学家的人物漫画展的么？

乐之影　嗯。我还在 E 大读书呢。

青　瑶　（惊讶地）还在 E 大读书？这都过去 5 年了，你还没有毕业？

乐之影　是呀。还在读研，我现在是研究生二年级。

青　瑶　哦，原来是这样啊——

乐之影　真想不到……会在这里遇见你！

青　瑶　嗯。对这个画展有点兴趣……恰好同学给了我门票。

乐之影　这次的科学画展中有不少画作很有意思，比如你刚才关注的那幅……

青　瑶　嗯，那幅画的背后——有什么故事吗？

乐之影　物理几何是一家。这画作说的是，陈省身与杨振宁"科学会师"的故事。

青　瑶　"科学会师"的故事？

乐之影　可以这么说。这段科学故事可以回溯到二十世纪四五十年代。（稍停后，续道）话说，1943 年，陈省身内蕴地证明了"高斯-博内-陈定理"，随后给出了纤维丛的不变量——陈类，于是"整体微分几何学"的时代开始了。10 年后，杨振宁和米尔斯研究非交换的规范场，即如今著名的杨-米尔斯理论，揭开了现代物理学的新篇章……

青　瑶　喔。

乐之影　直到 20 多年后的 1975 年，杨振宁终于明白了规范场和纤维丛理论的关系。于是驱车前往陈省身在伯克利附近的"小山"寓所，激动地告诉陈省身："物理学的规范场原来却是纤维丛上的联络，我们所从事的研究乃是'一头大象的不同部分'。"

青　瑶　数理科学的缘分，真是奇妙呢！

乐之影　他们的工作都是数理科学中最重要的部分,是数理科学的核心和主流,其影响力已经并长远地延续在21世纪……

青　瑶　嗯。他们的工作具有超越世纪的影响力……他们都是中国的骄傲!

乐之影　对了,记得上次在QQ聊天中说,你在创作一部有关"陈省身先生"的数学话剧?!

青　瑶　是的,已经写了一部分。

乐之影　多有意义的一件事呵!陈先生这样一位世界数学的大师,他的数学故事值得被颂扬、普及和传播,它当可以赋予——年轻一代的同学们以智慧和人生的启迪!

青　瑶　对极了。

乐之影　不瞒你说,我现在读研的方向正是陈省身先生导引的微分几何方向,部分地是因为阅读和受到了《陈省身传》的影响……(有点莫名其妙地笑出声来)

青　瑶　怎么啦,很好笑吗?

乐之影　啊,不是,抱歉(咳了一声,止住笑意)我只是想到了一段很有意思的诗。

青　瑶　(略带诧异地看着乐之影)诗,什么诗?说的是你留在书签上的三行诗吗?

乐之影　是,抑或者不是。或许这算不上是诗。等等,我找找。(掏出手机,一边在上网搜寻,一边问道)你知道有一位传奇色彩的数学家叫作约翰·纳什吗?

青　瑶　是不是那位以影片《美丽心灵》而闻名于世的数学家?历经30年精神分裂后的他,奇迹般地康复,还众望所归地获得了(那一年的)诺贝尔经济学奖。

乐之影　是的。(手指停下,看着手机说道)呐,找到了,就是这首。

青　瑶　(凑向乐之影)我看看(伸出手,指尖在手机屏幕上划动,然后读道)

你或许不知道,中国有那么一个数学家
他曾经是纳什的老师
纳什见到他都要屈膝受教
2002年国际数学家大会,历经坎坷的纳什再遇恩师
在此次会场上还有很多国际非常著名的数学大师

他们都是这次大会邀请到的非常重要的客人
在这位老先生面前
他们就像是虔诚的信徒
这位老先生就是被誉为"微分几何之父"的数学大师陈省身
在他身后,为世人留下了两座十分宏伟的"数学城堡"
一座是南开大学国际数学研究中心
另一座是大洋彼岸美国国家数学研究所的主楼"陈省身楼"
东西方的这两座大楼相互辉映
推动着陈省身毕生钟爱的数学事业
……

[灯暗处,舞台上,两人下。随后PPT上出现如下字幕。

第三场　等待着那心之陋室窗外

> 时间：21世纪的某一天
> 地点：E大图书馆
> 人物：青瑶，乐之影

[灯亮处，舞台上出现青瑶和乐之影的身影。

青　　瑶　（看着窗外的雨）呼，雨真大！

乐之影　是啊，等雨停了，我们再回去吧。

青　　瑶　嗯。正好关于《陈省身先生》这部数学话剧的创作，想和你再聊聊——

乐之影　哦？很乐意为你效劳！

青　　瑶　（微笑着看了他一眼）我的这一话剧剧本，拟围绕着"科学攀登"和"爱国情"两条主线展开。

乐之影　嗯。在陈先生身上，踏足现代数学殿堂的开拓进取精神和他心中炽热的中国情，两者交相辉映。

青　　瑶　由此话剧将会有"求学时代—誉满世界—爱在中国"三大板块的主题。

乐之影　这是一个很值得期待的选择！

青　　瑶　可是关于"爱在中国"这个板块，尽管这些天以来我思考良多，却一直不知道如何下笔……想听听，你有好的建议吗？

乐之影　（沉吟着）爱在中国？陈先生内心的这份炽热的中国情可谓是无时不在。

青　　瑶　他只上过一天小学，看到日本军营，写出"不做纸鸢儿"的诗句，这里有爱国情的种子。

乐之影	他在战争烽火燃起的1937年,投入抗日战争的洪流,加入西南联大,培养了许多优秀的学生。其中包括严志达、王宪钟、吴光磊、王浩、钟开莱等,他们后来成为著名的数学家。
青　瑶	1945年,当他名满普林斯顿的时候,又回国在上海兴办"中央研究院"数学研究所。
乐之影	经由此——吴文俊先生开窍,曹锡华先生受托……都成一代——数学名家。
青　瑶	是的。
乐之影	后来在美国,他领导了美国几何学的复兴,同时也用自己的行动,证明了中国人的数学能力,做出了世界一流的工作。
青　瑶	"我的微薄贡献是尽力帮助中国人树立起科学的自信心。"陈省身先生曾如是说。
乐之影	一旦中国需要他,他便义无反顾地回国。在他遨游数学王国,誉满天下之后,将自己的后半生献给祖国数学的未来……
青　瑶	这"爱在中国"——可以写的故事太多太多……
乐之影	嗯。关于话剧的"爱国情"这个板块,我其实也没什么好的点子。不过我想,或者说我们可以想象,在今年,会有一些独特的心声回荡在中国,乃至世界数学的诸多角落……
青　瑶	哦,那又是为啥?
乐之影	因为今年的10月28日,将迎来陈省身先生100周年的诞辰日!
青　瑶	啊,真期待!
乐之影	是呵,真期待!

[灯暗处,舞台上,两人下。光影变幻里,场面转化为 G、E、O、M、T、R、Y 的数学相声!

第五幕

第一场　大家都来聊聊天

时间：2011年10月28日
地点：中国-世界
人物：G、E、O、M、E、T、R、Y

［灯亮处，舞台上出现 E、M、G、O、T、Y、R 的身影，他们依次走到舞台前。

E　陈省身，世界数学的大师。他创建了整体微分几何这一领域，并领导它优美地发展，使之成为当今数学的核心。

M　他是在二十世纪世界科学史上点燃华人之光的先驱。

G　对我们这代人来说，微分几何就是陈省身，陈省身就是微分几何。

O　造化爱几何，四力纤维能；千古寸心事，欧高黎嘉陈。

T　陈省身先生到底伟大在什么地方？我不懂。举头望明月，我不懂你，但我可以仰望你，我不懂陈省身，但我可以仰望大师。

Y　此时此刻，我们正在向一位伟大的数学家致敬，不过对我来说，他只是我的父亲。

R　"我的微薄贡献是帮助建立中国人的科学自信心。"陈先生如是说。

E　陈先生的陈-西蒙斯理论在几何、代数、数论中占了重要的位置。二十世纪后期的数学除流体数学外都用到了陈先生的理论，因此现在三分之二的数学与陈先生有关，有的相关性大一些，有的关系少些。

M　他一生都致力于培养数学人才，尤其是中国的数学人才，发展中国的数学事业。

G　我做微分几何，陈先生对我有直接影响。我还在读大学本科的时候，曾听过陈先生的一场演讲。那场演讲给我留下了非常深刻的印象。从那时起，我就决定要学习几何。

O 满门桃李多伟绩,几何之家留旧情。

T 如果你去天津,名人故居是不可错过的去处。而位于南开大学校内的陈省身故居,却是这些故居中最独特的一道风景,因为这里写满一个大师的数学故事。这幢小楼叫作"宁园"。

Y 父亲给我起的这个名字,源于他所研究的拓扑学。

R 陈先生常说,他当初学数学是因为跑百米跑不过女生,做实验又不行,只好学数学。

E 陈先生是一个传奇。

M 他的学问做得最好,没有哪个中国人能做到这个高度。他的为人也最好,在世界上的威望还没有一个中国人能够达到。陈先生是一位完人。

G 我很荣幸师从一位伟大的数学家。陈省身先生对我的学术生涯,无论数学上还是个人修养方面,都有着深刻的影响。

O 且看网上的一副对联:"陈类鼻祖,名留寰宇千古;几何泰斗,福泽数学万代。"

T 陈省身爱看武侠小说,是金庸迷。他的藏书中有金庸的全套作品。他说,金庸赋予其武侠小说一种高度的文学美感和哲学内涵,这种内涵和数学的境界是相通的。

Y 父亲是一个美食家,无论在伯克利还是天津,都认得很多厨师;父亲有一点高血糖,却最喜欢吃国外一家公司的花生米和巧克力糖。

R 陈先生走南闯北,历尽沧桑,终成为一代大师,算得上一位老江湖。他曾给我出过一道题:江湖是什么?我回答说,江湖就是谁也不能相信。陈先生纠正道:江湖就是谁也不能得罪。这是他智慧的人生哲学!

E 陈先生是我们心中的英雄。

M 陈先生人情练达,最喜欢和不同年龄及兴趣的朋友相聚,畅谈数学,对有机会与他共事的人,更是扶掖而不遗余力。今天,陈先生桃李满天下,门生遍布美国各大院校数学系,他在中国的影响更是有目共睹。

G 还记得第一次见陈先生的时候,那是 1985 年在天津的干部俱乐部里为了南开数学所及当年的研究生暑期学校开幕。后来我像陈先生一样成了数学家,有许多次和陈先生单独吃饭喝酒聊天,每一次我都感到是天意,懵懵懂懂之中被一个圣人吸引进了这个美丽的殿堂。

O 陈省身,让数学之美薪火相传!

T "陈先生说'数学好玩',这话我是不敢讲的,因为玩好数学可不容易。""我一直以为做人第一,学问第二,陈先生是榜样。"陈先生的伟大人格力量,将永远激励我们前进!

Y "陈省身奖"寄托了我们对父亲的怀念,也成为这个家庭与数学界联系的纽带。

R 在去世前,陈先生说"我就要去见古希腊那些伟大的几何学家了。"数学是一个至美的境域。有学生问:你相信上帝的存在么?陈省身先生回答说,这也是我想向你提的问题。

E 在陈省身先生的身后,为世人留下了两座十分宏伟的"数学城堡"。一座是南开大学国际数学研究中心,另一座是大洋彼岸美国国家数学研究所的主楼"陈省身楼"。

M 东西方的这两座大楼相互辉映,推动着陈省身毕生钟爱的数学事业。

G 要建一流大学,单靠大楼和大师还不够,还要有大爱,即要营造一个育人环境。陈先生的工作室,数学讨论班常在这里进行,这正是培育数学家需要的一种氛围。

O 还记得,在1921年创建的丹麦哥本哈根大学理论物理研究所里,最有名的是一间阶梯教室,有多少风华正茂的年轻人在这间教室内举办的讨论班上受益,有多少诺贝尔奖得主从此诞生。"科学扎根于讨论",正是量子力学创始人之一的海森堡由此而从内心发出的名言。而陈省身先生的一生之数学图画,正是"科学扎根于讨论"最生动的写照。

T 大师在最后岁月,还热心于数学文化传播与科普工作。他曾设计过一个2004年数学挂历,每月都标明一些生动而有趣的数学事件。

Y 2004年这一挂历,名曰"数学之美"。一年12月,每个月有一个主题,简单扼要,图文并茂。这是目前为止中国唯一的介绍数学的挂历。这是真正的数学科学普及。

R： 假如一个数学家说他有伟大的直觉,千万不要轻信,因为好的数学大多是一步步算出来的。在巴黎读书期间,我曾收到先生的一封信。先生在这封信里写下的一句话,从此印在我的心底:"让中国的数学站起来。"

M： 先生虽离开我们远去,但他的音容笑貌,他对科学的追求,对青年人的关爱,将永留人间。仰望星空,他从未走开。

O： "我们的希望是在21世纪看见中国成为数学大国!"陈省身先生曾如是说。且让我们踏着他的脚印,继续迈进吧!而作为数学家,无论是在南开、北京、波士顿、洛杉矶、伯克利还是杭州,我们都永远属于陈类。

[灯暗处,舞台上,众人下。随后PPT上出现如下字幕。

第六幕

第一场　你的灵犀一动

> 时间：21世纪的某一天
> 地点：E大图书馆
> 人物：青瑶，乐之影

〔灯亮处，舞台上出现青瑶、乐之影的身影。青瑶抬起头来，却已是热泪盈眶。乐之影在一边给她递上纸巾。

青　瑶　　谢谢！（抹去泪花，微笑道）有点好奇，未来的你会属于陈类么？

乐之影　　属于陈类？（笑了起来）哦……我想会的！（看向她，说道）我想，在不久的将来，会有许多的孩子……因为青瑶的这部数学话剧——而漫步走入"陈类"！

青　瑶　　……孩子？

乐之影　　是啊。中国数学的未来，不正是寄托在我们眼前的这许许多多的孩子，以及孩子的孩子们的身上吗？

青　瑶　　真有趣！（停了停）我想，中国数学的幸运，正是因为有诸如陈省身、华罗庚……许多这样的前辈数学家，他们在不同的方向上为中华民族在20世纪的数学科学复兴做出了杰出的贡献。而中国数学更精彩的未来，则等待着——诸多年轻一代的学子来传承！

乐之影　　数学，中国，世界。经由数学桥——可连接中国与世界！

青　瑶　　"21世纪的中国会是一个数学大国"，陈省身先生的这一猜想何日可成真？！

乐之影　　21世纪的中国，期待着年轻的你们、我们和他们来一道筑梦这数学的星空！

〔灯暗处，舞台上，两人下。剧终。

〔随后迎来话剧的谢幕时刻。

第二篇

话剧《几何人生II》之角

《几何人生Ⅱ》话剧演出海报

2018年,源于华东师范大学和数学科学学院的支持以及上海市科委科普项目相关经费的资助,我们在《几何人生——大师陈省身》的基础上,推出了《几何人生Ⅱ》。到本书出版时为止,这部数学话剧已经公开演出12场,线下观众逾3700人。四年间,话剧的足迹到过上海市宋庆龄学校,到过江苏省北郊高级中学,也到过北京大学、南开大学、中国科学技术大学等地。由于这部话剧的主题具有满满的正能量,在传播和弘扬中国数学文化,彰显"中国文化自信"和传递大师的科学工匠精神等方面,具有非常积极的示范作用,所到之处,受到老师、同学和朋友们的热情欢迎。

《几何人生Ⅱ》这部话剧的主角,正是二十世纪最伟大的数学家之一、被誉为"整体微分几何学之父"的大师陈省身。早在二十世纪四十年代,陈省身结合微分几何与拓扑学的方法,完成了两项划时代的工作:高斯-博内-陈定理的内蕴证明、埃尔米特流形(Hermitian manifolds)的示性类理论,为大范围微分几何提供了不可或缺的工具。现如今,这些概念和工具已成为整个现代数学的重要组成部分。为了纪念陈省身的卓越贡献,国际数学联盟于2009年6月特别设立一个数学大奖——"陈省身奖(Chern Medal Award)",作为国际数学界最高级别的终身成就奖。

2.1 几何学的大师们

杨振宁先生曾写过这样一首诗来赞美几何学和陈省身先生:

天衣岂无缝,匠心剪接成。浑然归一体,广邃妙绝伦。

造化爱几何,四力纤维能。千古寸心事,欧高黎嘉陈。

其诗中"千古寸心事,欧高黎嘉陈"说的是,陈省身被誉为继欧几里得、高斯、黎曼、埃利·嘉当之后又一位里程碑式的人物。

"几何学之父"——欧几里得

古希腊数学家欧几里得(Euclid,约公元前 325—公元前 265)可谓是历史上最负盛名、最有影响力的学者之一,被誉为"几何学之父"。他所著的《几何原本》是影响人类思想最为深远的一部数学书。除《几何原本》外,欧几里得还写有不少著作,可惜大都已经失传。

有意思的是,对于欧几里得的生平,我们却知之甚少。著名的《科学传记百科全书》在"欧几里得"词条的开篇这样写道:

欧几里得

尽管欧几里得是有史以来最著名的数学家,其名字成为"几何"的代名词直至 20 世纪,关于其生平却只有两件事是已知的——甚至连这些也并非全无争议:一件是他居于柏拉图(辛于公元前 347 年)的学生与阿基米德(生于公元前 287 年)之间;另一件是他曾在亚历山大港教过书。

相传欧几里得出生于雅典,在那里接受了希腊古典数学以及其他各种科学知识的学习,30 岁即成了知名的学者。公元前 300 年前后,受托勒密王的邀请,欧几里得来到亚历山大,一边教学,一边从事研究,随后创立和形成以他为首的数学学派。而《几何原本》,则或许是他在亚历山大教书时形成的一个课本。

下面的一些趣闻与欧几里得相关。

话说在普罗克鲁斯(Proclus Diadochus，411—485)的《几何学发展概要》中记载着这样一则故事，说的是数学在欧几里得的推动下，逐渐成为人们生活中的一个时髦话题，以至于当时的国王托勒密一世也想赶这一时髦，学点几何学。

尽管这位国王见多识广，但欧氏几何却令他很是费解。于是，他问欧几里得："学习几何学有没有什么捷径可走？"欧几里得答道："抱歉，陛下！学习数学和学习其他科学一样，是没有什么捷径可走的。学习数学，人人都得独立思考，就像种庄稼一样，不耕耘是不会有收获的。"从此，"在几何学里，没有王者之道"这句话成为千古传诵的学习箴言。

斯托贝乌斯(约公元500年)则讲述了另一个故事，说一位学生曾这样问欧几里得："老师，学习几何会使我得到什么好处？"欧几里得思索了一下，指着这位学生对自己的仆人说："给他三个钱币，因为他想在学习中获取实利。"

欧几里得的《几何原本》是一部划时代的著作，集古希腊数学的成果和精神于一书，集诸多古希腊先辈的数学思想和欧几里得本人的创造性于一体，利用极少的定义、公设、公理，欧几里得借助形式逻辑的方法，演绎推演出460多个命题，将人类的理性之美展现到了极致。欧几里得由此创建了人类历史上第一座宏伟的演绎推理大厦——欧氏几何学，对其后整个数学科学的发展产生了深远的影响。

天赋卓绝的"数学王子"——高斯

高斯(Johann Carl Friedrich Gauss，1777 — 1855)，人类数学历史上最伟大的数学家之一，被誉为"数学王子"。高斯的数学足迹几乎遍及数学世界的每一个角落。他在数论、代数学、非欧几何、复变函数和微分几何等许多领域都做出了开创性的贡献。高斯在一生中，还从事天文学、大地测量学、地磁学等的实验与理论研究，通过这些研究，他建立了曲面的微分几何学。经由高斯无与伦比的创造性工作，我们得以看到纯数学的广阔前景及其在应用数学上的巨大力量。

高斯

"如果我们把18世纪的数学家想象为一系列的高山峻岭，那么最后一个令人肃然起敬的巅峰就是高斯；如果把19世纪的数学家想象为一条条江河，那么其源头就是高斯。"有智者如是说。

高斯于 1777 年 4 月 30 日出生在德国布伦瑞克一个简陋的村舍里。据说在 3 岁以前就显示出了天才。如今我们还时常听到少年高斯的那个故事,说的是,在那"地狱般"的小学里,高斯天才地算出了老师刁难孩子们的一道难题:

$$1+2+3+\cdots+100=?$$

少年高斯之所以能继续学业,主要得益于母亲和舅舅弗里德里希。弗里德里希富有智慧,当他发现姐姐的孩子聪明伶俐后,就把许多精力花在小天才身上,用生动活泼的方式开启小高斯的智力。若干年后,当高斯回想起弗里德里希为他所做的一切,不无伤感地说,舅舅的去世使"我们失去了一位天才"。正是由于弗里德里希慧眼识英才,高斯才没有成为园丁或泥瓦匠。

15 岁那年,因为布伦瑞克公爵卡尔·斐迪南(Carl Wilhelm Ferdinand)的资助,高斯进入当地著名的卡罗琳学院读书。在此期间,他掌握了欧拉、拉格朗日等人的著作,还自学了牛顿的《自然哲学的数学原理》,同时还开始了对高等算术的研究。

1795 年,高斯进入著名的哥廷根大学深造。他于当年 10 月 5 日注册成为哥廷根大学数学系的一名学生,不过那时高斯还在为未来的职业和出路感到迷茫,因为文学也是他的最爱,而且文学的出路似乎会比较好。这从大学第一年他所借阅的书中亦可略知端倪,其中的 25 本书中,20 本是文科方面的书,只有 5 本是数学书。

1796 年 3 月 30 日,在数学的历史上必然是值得铭记的一天,"正 17 边形的尺规作图"就像一颗最为独特的骰子,它被幸运地掷下,使高斯在他最喜爱的两门学科中选择了数学。同一天,高斯开始撰写他的科学日记(Notizenjournai)。其中第一篇记录的,就是他关于"正 17 边形尺规作图"的伟大发现。

这项早期成就的光芒很快即被他的第一部重要作品遮蔽。《算术研究》——高斯这本被称为"有七个封印的书"由七章组成,它非常深奥难读,就连当时的数学家都不容易看懂。书中那简洁的综合性证明所蕴含的宝藏后来通过狄利克雷(Lejeune Dirichlet,1805—1859)的阐释才没有明珠蒙尘。《算术研究》第一次系统地整理了千百年来有关数论的知识碎片,绘就一幅奇妙的数论画卷。

在哥廷根大学最初的 3 年,或许是高斯一生中著述最多的时期。他着迷于数学,只交了很少几个朋友。读完大学后,高斯回到了他的家乡布伦瑞克,继续独自研究数学。其间他曾前往黑尔姆施泰特大学访学,在那里受到大学图书馆馆长、数学教授普法夫(Johann Friedrich Pfaff,1765—1825)的热烈欢迎。普法夫是当时德国最著名的数学家之一。他们一起散步和讨论数学。高斯极其钦佩这位教授,这不只是因为他有很深的数学造诣，还因为他单纯、坦率的性格，后来普法夫教授成了高斯的博士学位导师。高斯的博士论文涉及一个不简单的主题：代数学基本定理的证明。

1807年，高斯收到来自哥廷根大学的邀请，被任命为新建的哥廷根天文台台长。他的余生是在哥廷根度过的。尽管在最初几年里，高斯曾收到过柏林大学的教职邀请（柏林大学可能也是对高斯富有吸引力的一个地方），但因为某种原因，他还是选择继续留在哥廷根，直到生命的最后。1855年2月23日凌晨，高斯安详地去世，享年78岁。

正如上面提到的，高斯在数学的诸多领域——数论、代数学、复变函数等——都做出了出色的贡献。下面我们进一步谈谈他在几何学领域的贡献。这主要体现在非欧几何和微分几何两方面。

话说从12岁起，高斯即开始怀疑欧氏几何学中的一些内容。15—16岁时，他的思考逐渐深入，并有了非欧几何的思想。他意识到，在欧氏几何之外，还存在一种无逻辑矛盾的几何系统。17岁那年，他通过研究发现，遵循新几何的概念思想，其中四边形的面积正比于360°与四角和之差，而这正是非欧几何的一个重要定理。

1813年，高斯开始进一步发展他的新几何。他深信，这种他称之为"反欧氏几何"（Anti-Euclidean geometry）的几何在逻辑上是相容的，而且能够获得实际应用，因此这种几何是与欧氏几何一样客观存在的。在1817年的一项工作中，他这样写道：

我愈来愈深信，我们不能证明欧氏几何具有"物理的"必然性，至少不能用人类理智，也不能给予人类理智以这种证明。或许，在另一个世界中我们可能得以洞察空间的本质，而现在这是不能达到的。

为了验证非欧几何的正确性及其应用的可能性，高斯实地测量了由布洛肯（Brocken）、霍海哈根（Hohehagen）、英泽尔堡（Inselsberg）三座山峰构成的三角形的内角之和，发现其内角和与180°存在偏差。这一实验不是很成功，因为实验误差远远大于理论值，但这并未使高斯怀疑其理论。

从1816年开始，高斯转向研究大地测量和地图绘制。在此后长达10余年的时间里，他亲身参加和进行了大量的野外物理测量和理论工作，并开始了微分几何学的开创性研究。在此过程中，高斯提出了一个全新的概念：一张曲面本身就是一个空间，并以这一概念作为出发点，发展出了内蕴几何学。

在以前的微分几何研究中，人们只是孤立地用微积分方法考察曲线、曲面上的某些性质，从而形成的只是一些零星结果。高斯以欧拉提出的曲面上任一点的坐标(x,y,z)可以用两个参数u和v表示的思想作为出发点，开始了对曲面的系统研究。

借助参数表示，高斯将曲面上的基本量弧长 ds：

$$ds^2 = dx^2 + dy^2 + dz^2,$$

改写为

$$ds^2 = E(u,v)du^2 + 2F(u,v)dudv + G(u,v)dv^2。$$

在经过进一步的计算和深入研究后，高斯得到了曲面曲率 K 的计算表达式以及著名的高斯特征方程。这些都可以从第一基本形式和上述的 E、F、G 导出。因此在高斯看来，曲面本身可以看作一个空间，人们完全可以忘却"曲面位于三维空间"这一事实。这一思想有着里程碑的意义，它标志着以曲面为研究对象的微分几何的创立。

在此基础上，高斯进一步研究了曲面上的测地线——也就是曲面上连接两点之间的最短距离的线，将此看作曲面上的"直线"。于是，他得到这样一个著名的定理：

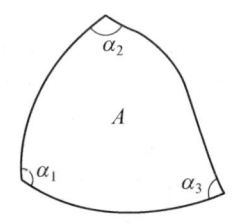

对于一个由测地线构成的三角形 A，曲率 K 在 A 上的积分具有如下的表达形式：

$$\iint_A K dA = \alpha_1 + \alpha_2 + \alpha_3 - \pi。$$

这就是著名的高斯-博内定理最初的形式。它表明，测地三角形上曲率的积分等于三角形三个内角之和超过 180° 的盈量，或等于三个内角之和不足 180° 的亏量。

这个精美的定理告诉我们如下的数学故事：存在着这样的几何学，其三角形三个内角之和不等于 180°，也就是说，即使在三维空间的曲面上，也存在着非欧几何，而且它们可以和欧氏几何具有同样的美。在某种意义上，欧氏几何学只不过是其中的一个特例(即对应于 $K=0$ 时的情形)。

高斯不仅从研究第五公设的角度发展出了非欧几何，还从微分几何的研究中得到了非欧几何的最一般化理论，使得非欧几何成了几何学研究中的主要内容。而传统的欧氏几何可以看作其中的一种"极限情形"。高斯的天才，由此可见一斑！

除此之外，高斯还得到了许多关于曲面的定理，比如曲面微分几何的基本定理——它说的是，两张等距的曲面具有相同的几何。高斯还证明，等距曲面在对应点一定有相同的总曲率,正如他自己宣称的,这是一个"极妙的定理"。

高斯在研究曲面微分几何中所产生的诸多奇妙思想,把我们习以为常的三维空间的特殊性取消了,使它统一在其他各种空间形式之中,为后来者建立统一的空间理论奠定了基础。他的这一思想后来被其学生黎曼发扬光大,从而产生了19世纪的重大数学成就——黎曼几何学。

"黎曼几何的创始人"——黎曼

波恩哈德·黎曼(Georg Friedrich Bernhard Riemann,1826—1866)是世界数学史上最具独创精神的数学家之一。他的名字出现在数学的众多领域中,比如说,柯西-黎曼方程、黎曼函数、黎曼积分、黎曼面、黎曼流形、黎曼几何、黎曼假设,等等。

黎曼于1826年9月17日出生在德国汉诺威王国的小镇布列斯伦茨(Breselenz)。尽管家境贫寒,他却在关爱和幸福中长大,成年后的黎曼总是对家人保持着最热烈的爱。1846年,黎曼进入哥廷根大学学习哲学和神学。不过在旁听了一些数学讲座后,他转到了数学系。1847年,源于德国大学的学术传统,黎曼有机会到柏林大学深造,其间遇见了众多数学大师。他随雅可比(Carl Jacobi)学习高等力学和代数,从狄利克雷那里学习数论和分析,随施泰纳(Jakob Steiner)学习近代几何学,从年轻的爱森斯坦(Gotthold Eisenstein)那里学习椭圆函数,还钻研了柯西等人的著作。两年后,黎曼回到哥廷根继续他的数学学业。1851年,在高斯的指导下获得博士学位。在其后的大部分时间里,黎曼都待在哥廷根,或执教,或做数学研究。1857年,黎曼获得副教授的职位。两年后,狄利克雷在哥廷根去世,黎曼接任他的教授席位。

黎曼无疑是一位天才的数学家。在其短短的不到20年的数学生涯里,他在复变函数论、解析数论、组合拓扑、代数几何和数学物理等诸多领域都做出了极为出色的贡献。"没有任何其他人可以比黎曼对现代数学具有更大的决定性的影响力!"F.克莱因曾如是说。

其中的一项卓越的数学成就——黎曼的几何学因为他的一篇演讲词而横空出世。那是1854年,为取得哥廷根大学编外讲师的资格,黎曼做了一场主题为《论作为几何学基础的假设》的演讲,开创了黎曼几何学。多年后,这门新几何学为爱因斯坦的广义相对论奠定了其理论的数学基础。

在那一演讲中,黎曼对所有已知的几何,包括之前诞生不久的双曲几何做了纵贯古今的概要,并提出一种新的几何体系,即如今的黎曼几何。1861 年,黎曼写了一篇关于热传导的文章以竞争巴黎科学院的奖金,这篇文章后来被称为他的"巴黎之作",文中对他 1854 年的讲座稿做了技术性的加工,进一步阐明其几何思想。此文后来收录在他的《文集》中。

源于高斯的影响,黎曼研究其几何空间的局部性质采用的是微分几何的途径,这同在欧几里得几何中或者前人在非欧几何中把空间作为一个整体进行考虑是有所不同的。在黎曼的几何里,他引入的流形是一种最为基本、最为一般的概念。黎曼将 n 维空间称为一个流形,n 维流形中的一个点可以用 n 个可变参数来表示,而所有这些点的全体则构成流形本身,这 n 个可变参数称为流形的坐标,当这些量连续变化时,对应的点就遍历这个流形。

随后他仿照传统的微分几何定义了流形上两点之间的距离、曲线之间的夹角等概念,推出测地线方程。以此为基础,黎曼在流形上定义了刻画空间弯曲程度的曲率这一概念,展开对 n 维流形几何性质的研究。他在 n 维流形上获得的结论与高斯等人在曲面情形的结果是一致的。因此,黎曼几何是经典微分几何的自然推广。

黎曼处理几何问题的方法和手段是几何史上一场深刻的革命,他建立了一种全新的后来以其名字命名的几何体系,对现代几何,乃至数学和科学各分支的发展产生巨大的影响。他在几何中采取了一些不同于前人的手段使得其表述更简洁,进而导引出张量、外微分以及联络等现代几何工具的诞生,由此迎来了埃利·嘉当等后来者关于现代几何学的工作。

"给微分几何打上现代印记的先行者"——埃利·嘉当

埃利·嘉当(Elie Joseph Cartan,1869—1951),法国数学家。作为 20 世纪最伟大的数学家之一,他在李群、微分方程和现代微分几何等领域做出了极为出色的贡献。

嘉当于 1869 年出生在法境阿尔卑斯山附近的一个小村庄里,他的父亲是一个铁匠。因此在他童年的记忆里,"每天早晨从黎明开始即听到各种铁砧被敲击的声音,母亲则忙着用纺车工作"。尽管家里很穷,一家人却过得温馨而充实。朴实无华的父母,为孩子们树立了快乐工作、勇于承担责任的榜样。

在上小学时,嘉当就表现出了非凡的才能。在老师们的印象里,小埃利·嘉当是一个害羞的男孩,但他的眼睛闪耀着非同寻常的智慧,并且具有出色的记忆力。

19世纪末的法国,贫困家庭的孩子接受大学教育是一件几乎不可能的事情。如果没有遇见政治家安东尼·杜博斯特(Antonin Dubost),嘉当肯定无缘成为一位伟大的数学家。那时,杜博斯特先生是一位年轻的学校督察员,正是在一次访问多洛米(Dolomieu)小学的过程中,他发现了埃利·嘉当的非凡才华,于是杜博斯特鼓励小嘉当参加数学竞赛以便有机会进一步读书深造。嘉当随后出色的表现使他得以进入维也纳学院(Collège de Vienne)学习,1880—1885年的这五年他是那里度过的。其间杜博斯特继续支持这个小男孩,并为他争取更多的经济支持。维也纳学院毕业后,他又在热那布尔的莱西学院(the Lycée in Genoble)学习了两年。

埃利·嘉当

1888年夏,埃利·嘉当有幸成为巴黎高等师范学校的一名学生。在那里,他参加了一些顶尖数学家的课程,其中有庞加莱(Henri Poincaré)、埃尔米特(Charles Hermite)、加斯顿·达布(Gaston Darboux)、皮卡(Émile Picard)等人授课。他于1891年毕业,接着服了一年兵役,之后又回到巴黎高等师范学校继续攻读博士学位。在获得博士学位后,埃利·嘉当先后在蒙彼利埃大学、里昂大学、南锡大学任教。1912年,他成为巴黎大学的教授。此后,他一直待在那里,直至退休。

因为其在数学上所做的杰出贡献,埃利·嘉当获得了许多荣誉,1921年当选为波兰科学院院士,1926年当选为挪威科学院院士,1931年当选为法国科学院院士。此外,他还是美国科学院和英国皇家科学院的外籍院士。

埃利·嘉当对近代数学的发展做出了极大的贡献。他开创了流形上的分析,这是当今极为活跃的一个数学分支,特别是他在李群、微分方程、微分几何等领域做出有突出贡献。他一生写了9部数学著作,186篇论文,这些作品以难读出名,同时也反映出其工作具有高度的原创性和深刻性。1930年以后,嘉当对现代数学的影响与日俱增,20世纪下半叶的微分几何发展,无不打上了埃利·嘉当的数学印记。

早在攻读博士学位期间,嘉当就开始对李群的研究。他博士论文中的工作极大地促进了最初由索菲斯·李(Sophus Lie)提出的连续群理论的发展。在此之后,他对实数域上的半单李代数进行了分类,并找到了所有单李代数的不可约线性表示。后来,他的注意力转向了半单李群的表示。

1894年前后,嘉当将格拉斯曼代数应用于外微分形式理论。在此后的十年间,他进一步发展了这一理论,并将其应用于微分几何、动力学和相对论等领域的各种问题中,由此得到许多深刻的结果。

从 1916 年开始,嘉当更多地关注于微分几何领域的研究。他首先研究了由一个李氏变换群组所作用的空间,并进一步发展了活动标架理论。这一工作使嘉当想到了"纤维丛"的概念,尽管那时候他还没有给出这一概念的明确定义。1926 年,嘉当在一篇论文中提出了对称空间理论,进一步为几何学做出了贡献。嘉当关于黎曼对称空间的理论或是他在黎曼几何方面最重要的工作,这一理论的发现、发展和完善皆归功于嘉当。

嘉当的工作涉及李群、微分方程系统和微分几何。他的一系列工作在这些领域之间取得了惊人的综合。这位微分几何学的大师将他非凡的数学洞察力和极难的论证技巧结合在一起,可以说是"超越了他的时代",因此很少有人能真正读懂他的论文,理解他的深刻含义。曲高和寡,自然乏人欣赏,可是陈省身却是他的一大数学知音。

1936—1937 年,陈省身只身在法国巴黎,跟随嘉当研究活动标架法等方法,并且更深入地研究了嘉当外微分理论。他在巴黎逗留了十个月,每两周与嘉当会面一次。正是在这段时间里,得到大师指点的他迅速步入数学研究前沿,也为以后的科学研究积蓄了知识与力量。

嘉当声名晚年始盛。他和陈省身之间虽然没有正式的师生名分,却留下了数学科学学术传承的一段佳话。从嘉当到陈省身,可以说记录着 20 世纪上半叶几何学发展的历史。

在巴黎求学的那段时间里,陈省身写了三篇高质量的数学论文,但学到的东西远远超出这些论文的内容,让他终身受用。嘉当和陈省身之间的科学传承与深厚友谊是数学的幸运,更是中国数学的幸运!

"整体微分几何学之父"——陈省身

陈省身(Shiing-Shen Chern,1911—2004),20 世纪最伟大的数学家之一,被誉为"整体微分几何学之父"。他在现代微分几何领域中做出了极为卓越的贡献,其影响遍及整个数学领域。为了纪念陈省身的卓越贡献,国际数学联盟(IMU)于 2009 年 6 月还特别设立了一个数学大奖——"陈省身奖(Chern Medal Award)",作为国际数学界最高级别的终身成就奖。

1911 年 10 月 28 日,陈省身出生在浙江嘉兴秀水县。他的父亲陈宝桢曾中过秀才,后毕业于浙江法政专门学校,在司法界做事。陈宝桢为他的长子取名为"省身",希望其能像古代的先哲曾子一样:"吾日三省吾身"。

由于陈宝桢长年游宦在外，少年陈省身随着祖母长大。小时候陈省身并没有上学，在家自然成长，常跟祖母在一起，有时随她烧香、拜佛、念经。除了祖母，尚未出嫁的姑姑也时常教他一些国文。不过陈省身年少聪慧，且喜欢独立思考，自从接触到家里的一部《笔算数学》后，便沉迷于此书，由此走入了数学这一新奇的世界。

1922年秋，陈宝桢到天津工作，陈省身随父迁往天津。次年初，陈省身插班进入扶轮中学读书。当时扶轮中学是交通部办的一所中学，学校经费宽裕，聘请的教员也很优秀。校长顾赞庭很看重数学，亲自教几何，而且要求严格，但陈省身往往应付自如，因此颇得校长的喜欢。在中学时代，陈省身最喜欢的是数学，不过他喜欢看书，各种各样的书都看，尤其爱看历史、文学书。1926年，陈省身在扶轮中学校刊上发表了七篇文章。比如《纸鸢》表现了他追求自由独立、不肯随俗的个性和主动求学的精神。他在《纸鸢》中这样写道：

陈省身

纸鸢啊纸鸢！
我美你高举空中；
可是你为什么东吹西荡地不自在？
莫非是上受微风的吹动，
下受麻线的牵扯，
所以不能干青云而直上，
向平阳而落下。
但是可怜的你！
为什么这样的不自由呢！
原来你没有自动的能力，
才落得这样的苦恼。

1925年8月，经姜立夫介绍，钱宝琮北上天津任南开大学数学系教授，开设微积分、微分方程以及中国数学史等课程。当时钱宝琮一人住在南开，时常去嘉兴同乡陈宝桢家串门，一次恰好遇见少年陈省身在读一本高等代数书，于是建议他以同等学力的资格报考南开大学。钱宝琮后来告诉陈省身，他的数学考了第二名。1926年夏，陈省身中学毕业，进入南开大学读数学。这年，他才15岁。

大学一年级的生活，陈省身过得很惬意。微积分、力学都由钱宝琮教，陈省身读得轻松自在。这一年，他常常看一些小说杂书，也时常替别的同学写作文以消磨时间。1927年，陈省身的读书生活与态度有很大的改变，那年算学系主任姜立夫先生由厦门大学讲学回来，因为不擅长做实验，陈省身选择学数学，于是成了姜立夫的学生。

姜立夫教书极其认真，每课必留习题，每题必经评阅。陈省身和另一位学生吴大任都是姜立夫的得意弟子，他特意为他们开了许多当时被认为高深的课，如线性代数、微分几何、非欧几何等。姜立夫先生教学态度严正，循循善诱，使人感觉读数学有无限的趣味。60多年以后，陈省身回忆道："我从事于几何多亏了我的大学老师姜立夫先生。"

陈省身对数学有天然的兴趣，班上他年纪最小，但成绩总是出类拔萃。姜立夫非常喜欢这个弟子。当时南开大学初建，系里人少，于是姜立夫就叫正念三年级的陈省身做他的助手，帮他改卷子。一开始让他改一二年级的，后来三年级的卷子也让他改。这样每月他还能拿到十块钱，比一个报贩的收入多一点，能够改善一点学习生活条件。1929年，陈省身等当选为南开大学理科科学会委员。在段茂澜先生的指导下，陈省身在大学期间已经能读德法文的数学书籍，对美国的文献尤其熟悉。

1930年，陈省身在南开毕业后，考入清华大学读研究生，是年秋，当陈省身到清华时，才知道只有他一人报到。数学系决定把研究院迟办一年，先聘陈省身担任一年助教。陈省身在清华的研究生导师孙光远毕业于芝加哥大学，专攻"射影微分几何学"。1932年，在孙光远教授的指导下，陈省身在清华发表了第一篇有关射影微分几何的研究论文。在清华，陈省身确定了微分几何为自己的研究方向。

正是在这个时期，有些国外学者来华访问，其中有著名数学家布拉施克，他是德国汉堡大学教授，以几何学的研究闻名于世界数坛。布拉施克在北京大学所做的主题为《微分几何的拓扑问题》的一系列深入浅出的讲座吸引了年轻的陈省身，加上演讲的内容让他大开眼界，于是陈省身萌生了去汉堡读书的念头。

1934年，陈省身在清华研究生毕业，并以优异的成绩获得了公费留学的资格。随后他远涉重洋，来到了德国汉堡。跟随布拉施克教授学习几何学。其间他参加了布拉施克的助手凯勒(E. Kähler)的讨论班，接触和学习了埃利·嘉当的外微分理论，这让他受益良多。由此，陈省身逐渐认识到嘉当的伟大数学天才。他的博士论文写的就是嘉当方法在微分几何中的应用。

1936年，陈省身在汉堡大学获得博士学位后，接受了布拉施克的建议，到巴黎跟随嘉当做博士后研究，这对陈省身的数学研究发展是一个具有决定性的选择。嘉当不仅是一位伟大的数学家,而且是一位优秀的老师,他为人和蔼可亲,深得学生喜爱。作为巴黎大学著名的几何学教授,其学生众多。在嘉当的办公时间,前来拜访的学生要排队,见他一面非常困难。不过不到两个月,陈省身以其对嘉当数学思想的深刻理解,赢得了嘉当的青睐,被特许隔周去他家讨论一次数学。而从嘉当家回来的第二天,他往往会收到嘉当的长信,信中提及前一天讨论的数学问题。陈省身认真地对待每次的面谈,在科学的都市巴黎艰苦奋斗了 10 个月,其间跟随嘉当学习和研究活动标架法和等价方法,更深入地研究了凯勒-嘉当理论。

陈省身在德国和法国求学的这两三年,奠定了其一生学术事业的数学基础,特别是其在 1936 年 9 月—1937 年 7 月跟随嘉当学习的这短短 10 个月,得到了他的真传,且在后来又继承和发扬他的思想。陈省身的大部分工作,都可以从嘉当那里找到源头。

1937 年 7 月 7 日,抗日战争全面爆发。陈省身于 7 月 10 日告别嘉当,离法经美返国,直奔由北大、清华、南开三校组成的西南联合大学。彼时的西南联大数学系,人才济济,南开的姜立夫教授是当时中国数学界的领袖,清华的系主任杨武之教授专长数论与代数。陈省身被聘为西南联大的教授,有机会开一些拓扑学、微分方程等新型且高深的课程,随后在他周围聚集了一批优秀的学生,如王宪钟、严志达、吴光磊等。这些学生日后都成为国内外知名的学者。陈省身后来说:"得天下英才而教育之,是我一生的幸运。尤其幸运的是这些好学生对我的要求和督促,使我对课材有了更深入的了解。"

1943 年 7 月,应普林斯顿高等研究院的邀请,陈省身由昆明启程前往美国。当时大战犹酣,去美途中有很大风险,他历经近一个月的波折,于 8 月中旬才到新泽西州的普林斯顿。此后,陈省身在普林斯顿待了两年半时间,这是他数学研究生涯中最有成就的时期。在此期间,他完成题为《闭黎曼流形上高斯-博内公式的一个简单内蕴证明》的论文,这是陈省身一生最重要的数学工作。二维紧致流形上的高斯-博内公式是经典微分几何的一座高峰。"将这一公式推广到高维紧致流形是几何学中极其重要和困难的问题。"数学大师霍普夫曾如是说。在此以前已有高维推广的各种证明中,均采用把流形浸入到欧氏空间中去的非内蕴方法。陈省身则首创通过在长度为 1 的切向量丛上的运算获得证明的内蕴方法,使整个局面豁然开明。连外尔因这一工作都向陈省身致贺。1945 年 10 月,在另一篇划时代的论文《埃尔米特流形的示性类》里,陈省身提出了现在称之为"陈类"的不变量,为整体微分几何奠定了基础。陈省身的这些工作将微分几何带入了一个新的时代。半个世纪以来,这些工作对整个数学界,乃至理论物理的发展都产生了广泛而深远的影响。

1946 年 4 月初,陈省身回到上海,与分别 6 年的家人团聚。随后在姜立夫的推荐下,陈省身主持了"中央研究院"数学研究所的筹备工作,其间他广泛吸收年轻人参加,希望为振兴中国数学培养一批拓扑人才。先后到来的有路见可、曹锡华、陈国才、张素诚、吴文俊等人。陈省身每周给他们讲12小时的拓扑学课程。1947年7月,数学研究所正式成立,所里的许多年轻人后来大都成为中国数学界的骨干力量。其中离不开当初陈省身的指导之功。

1948年12月,陈省身再次接受普林斯顿高等研究院的邀请,携全家离开上海,并于次年1月抵达普林斯顿。1949年夏,他接受芝加哥大学的邀请,接替莱恩任该校数学系几何学教授。此后他在芝加哥大学待了11年,培养博士10人。在这11年里,陈省身与其他数学家合作,促进了微分几何同其他数学领域相结合的演化,为后来几何学逐渐走向数学的"中央舞台"起了极为重要的作用。

1960年6月,陈省身离开芝加哥大学,受聘于加利福尼亚大学伯克利分校。他在该校执教20年,使其成为几何与拓扑的一大中心,其间又培养博士31位。1970年,陈省身再次应邀在第16届国际数学家大会上做题为《微分几何的过去和未来》的演讲。1975年,陈省身获美国国家科学奖章。1981年,美国国家基金会宣布在伯克利建立数学研究所,陈省身任首任所长。

陈省身喜欢老庄哲学,爱好陶渊明、杜牧、李商隐的诗,有着深厚的中国传统人文素养。他认为数学家从事教育工作,培养出优秀人才就是有社会责任感的重要表现。1972年9月,中美关系开始正常化不久,陈省身携妻子女儿访问中国。他追昔抚今,感慨万千,诗云:

飘零纸笔过一生,世誉犹如春梦痕。
喜看家园成乐土,廿一世纪国无伦。

20世纪80年代,随着祖国改革开放大潮兴起,他又回到中国,在北京、天津、广州等地讲学,多次流露出余生要为祖国的数学事业做贡献的意愿。"我们的希望是在21世纪看见中国成为数学大国。"陈省身先生曾如是说。为此他在国内开设"微分几何"研究生课程,组织召开"国际微分几何、微分方程会议"等学术活动,期待中国数学走向世界。

1984年,应教育部的聘请,陈省身出任南开数学研究所所长,并将所获得的沃尔夫奖金赠给了南开数学研究所。此后多年来,陈省身先生不顾年老体衰,奔波于中美两地,为中国培养了一批优秀的数学人才。他把最后一番心血献给了祖国的数学事业。2004年12月3日,陈省身在天津逝世,享年93岁。

正如他在诗中说的:"一生事业在畴人,庚会髫龄训育真。万里远游亏奉养,幸常返国笑言亲。"陈先生的一生以极其可贵的科学精神,给后来者以智慧的启迪与人生的思考。

2.2 话剧中的科学人物

除了主角陈省身之外,话剧《几何人生Ⅱ》中还谈及诸多其他数学家,他们是陈省身在求学时的师长、同事以及朋友。

在话剧的第一幕第二场《汉堡的天空》中,出现了陈省身的两位数学家朋友——吴大任、周炜良,他们都在各自的数学领域做出了出色的贡献。

吴大任(1908—1997),数学家,数学教育家,中国积分几何研究的先驱者之一。吴大任1908年出生于天津。1921年考入南开中学。1926年,中学毕业后被免试保送入南开大学读书,和陈省身是同窗好友。1930年,吴大任与陈省身同时考取清华大学研究生,但因家境困难,吴大任向清华大学申请保留学籍一年,南下到中山大学数学天文系任助教。1931年秋,

吴大任

吴大任回到清华大学,再度与陈省身成为同窗学友。1933年,在姜立夫的鼓励下,他参加了公费留学考试,顺利通过后,先后在英国伦敦、德国汉堡等地学习。在汉堡期间,他在布拉施克教授指导下,从事积分几何学的研究工作,得到很不错的研究成果。1937年8月,吴大任回国后,先后在武汉大学、四川大学、南开大学执教。曾任南开大学副校长。作为我国最早从事积分几何研究的数学家之一,他在这一领域做出了不少重要的结果,有多篇论文发表在国内外杂志上。

周炜良(1911—1995),著名华裔数学家,20世纪代数几何领域的领军人物之一。其幼年在上海长大,不过从未进过学校。5岁开始学中文,11岁学英文,都由家庭教师讲授。周炜良自小天资聪明,许多知识都是自学获得的。13岁时留学美国,1929年进入芝加哥大学读书,主修经济学。其间,受一位中国数学家朋友的影响,周炜良萌生了研究数学的想法,于1932年去了哥廷根大学。不过半年后,他即转到莱比锡大学追随范·德·瓦尔登(Van der Waerden)研究代数几何,那是1933年夏天的事。次年夏天,周炜良在汉堡度假期间,遇到挚爱维克多(Margot Victor),此后常去汉堡大学,随

数学家阿廷听课。1936年,他在范·德·瓦尔登指导下,获得莱比锡大学的博士学位,同年和维克多完婚。当时正在汉堡大学留学的陈省身是唯一见证他们婚礼的中国宾客。周炜良于1936年回到上海,在南京的中央大学任数学教授。一年后,抗日战争全面爆发,他不得已留在上海,从事与数学研究无关之事。大约在1946年春天,陈省身从美国返回上海,遇到为未来而迷茫的周炜良,力劝其重返数学研究。那时周炜良离开数学研究已近10年之久,不过在陈省身的影响之下,他终于做出了他一生中最重要的决定:回到数学领域。在陈省身的帮助下,周炜良于1947年春天抵达普林斯顿,再启他的数学研究之旅,第二年到约翰斯·霍普金斯大学执教,直到1977年在那里退休。周炜良把毕生精力奉献给了代数几何的研究,并在20世纪代数几何学领域做出了极为重要的贡献。

周炜良

在《几何人生Ⅱ》的第一幕第一场和第二场中还出现了科学人物布拉施克、阿廷、凯勒等。他们都是陈省身在汉堡求学时期的师长和朋友。

布拉施克(Wilhelm Blaschke,1885—1962),德国数学家,20世纪上半叶微分几何学的大师。他在凸几何、仿射微分几何和积分几何等领域都做出重要的数学贡献。

布拉施克于1885出生在奥地利格拉茨,并在那里长大。1908年,在维也纳大学获得博士学位后,布拉施克开始了其数学游学生涯。他到过巴黎、哥廷根、波恩……每到一处,便跟随那里的数学大师们学习和研究数学。自1913年起,布拉施克先后执教于德国工科大学、莱比锡大学、柯尼斯堡大学和汉堡大学。在他的带领下,20世纪30年代的汉堡大学在几何学领域享誉世界。1932年,布拉施克访问了北京——这或许是他全球学术旅行的一部分。他新颖的数学思想打动了听众席中的青年学子陈省身。1934年11月,陈省身选择去汉堡大学留学,之后在1936年2月获得博士学位,其导师正是布拉施克教授。也是在后者的大力推荐之下,陈省身去了巴黎,跟随埃利·嘉当学习与研究,进而走向更加广阔的数学世界。

布拉施克

埃米尔·阿廷（Emil Artin，1898—1962），20世纪最伟大的数学家之一。他在代数数论、拓扑学以及函数论等领域上都做出了极为重要的贡献。阿廷在数学上最初的贡献是在代数数论方面，而顶峰则是类域论的完成。他的数学工作深刻地影响了法国布尔巴基学派。阿廷还是一名出色的数学教师，在他众多的学生中，有一些著名的数学家，如Bernard Dwork，John Tate，Harold N. Shapiro，……

阿廷1898年3月3日生于奥地利维也纳。在少年时代，他并没有表现出对数学有多大的兴趣和才能。相传他对数学产生兴趣是16岁以后的事。1921年，阿廷在莱比锡大学获得博士学位。随后在哥廷根大学待了一年，于1922年10月到了汉堡。1925年，阿廷成为副教授，仅仅一年之后，他成为汉堡大学最年轻的正教授。1937年，阿廷阖家移居美国，先后执教于圣母大学、印第安那大学、普林斯顿大学。1958年，阿廷再回到德国汉堡。

阿廷

凯勒（Erich Kähler，1906—2000），德国数学家。他在几何和数学物理等领域上做出重要的贡献。在现代几何学中，有一类极为重要的数学研究对象——"凯勒流形"以他的名字命名，作为代数流形的一类推广，它们在如今代数几何的研究中占有重要的地位。

凯勒于1906年1月16日出生在莱比锡，并在那里完成大学前的教育。1924年，他进入莱比锡大学读书，四年后获得博士学位。1929年夏起，凯勒在柯尼斯堡大学做了一段时间的助教，而后在阿廷的引荐下，他来到汉堡大学，成为布拉施克的助手。由于布拉施克经常外出讲学，因此当陈省身于1934年来到汉堡大学后，大多数时间都是跟着凯勒学习数学。非常幸运的是，也正是在凯勒为他的新书《微分方程组理论导引》所开设的讨论班上，陈省身得以首次认识到埃利·嘉当所创造的外微分形式方法的精妙，而后萌生去巴黎跟随嘉当学习数学的想法。这里还值得一提的是，在他1932年的一篇论文里，凯勒介绍了后来以他的名字命名的"凯勒度量"的概念。

凯勒

在第一幕第二场的话剧故事中还特别谈及一位中国数学家——姜立夫。作为中国现代数学的开拓者和奠基人之一,姜立夫先生的言传身教,对陈省身的求学之路有着深远的影响。

姜立夫(1890—1978),是一名数学家,更是一位著名的数学教育家。作为现代数学在中国最早和最有成就的播种人之一,姜立夫为中国现代数学教学与研究的发展做出了重要贡献。他将一生奉献于数学教育事业,先后担任过南开大学、厦门大学、西南联合大学、岭南大学和中山大学数学教授。姜立夫学识渊博,严于律己,桃李满天下。在他所培养的学生中,有多人后来都成了卓有成就的数学家。

姜立夫原名蒋佐,字立夫(1920年以后以字为名)。1890年7月4日,姜立夫出生于浙江省平阳县(今温州市苍南县)龙港镇麟头村的一个知识分子家庭。在他的中学时代,姜立夫受西学熏陶,渐渐萌生出国留学、献身祖国科学教育事业的愿望。1910年夏,游美学务处招考第二批留学生,姜立夫应试被录为备取。次年8月16日,姜立夫怀着对未来无限的憧憬,离开祖国,登上"中国号"邮轮,开启了其远赴大洋彼岸的留学之旅。同行者还有胡适、赵元任、竺可桢、胡明复等多位未来的著名学者。

1915年,经由多年的勤学与苦读,姜立夫获得加州大学理学学位,其后到哈佛大学研究院深造,1919年获得数学博士学位。同年即回国。1920年年初,姜立夫来到天津,投身到创办南开大学数学系(那时叫算学系)的工作中。南开大学数学系是我国第二个数学系,当年只有一名学生刘晋年。在南开数学系创办的前四年里,既无讲师又无助教,姜立夫是唯一的教授,一个人承担了初等微积分、解析几何、高等代数等诸多课程的全部教学工作,以至于被誉为"一人系"。每年他会根据学生的情况,需要什么课程就开什么课,分析、几何、代数各方面的课轮番讲授,没有现成中文教材,自己翻译、编写教材。

除了常规的教学,姜立夫还不时给学生做一些公众报告,以弥补课堂讲授的不足。此外,他十分重视数学文献的搜集与购买,将这作为数学系的重中之重。南开大学的数学书刊从零起步,至1928年已经初具规模。1932年,德国数学家施佩纳应邀到南开大学访问,当他看到诸多珍贵的数学藏书后,翻阅一本又一本,惊叹不已,欣羡备至。后来抗战时期这些书刊大半运抵昆明,对西南联合大学数学系的教学与科研帮助极大。

姜立夫的辛勤耕耘,结出了丰硕的成果。仅在他早年的学生中就出现了刘晋年、江泽涵、申又枨、吴大任、陈省身等优秀数学家。作为中国现代高等数学教育事业的重要开拓者,姜立夫先生的功绩是非常巨大的。

在话剧的第一幕第三场《再见,西南联大》中出现了一批中国数学家——杨武之、江泽涵、华罗庚,他们是陈省身在西南联大的同事和朋友。

杨武之(1896—1973),本名克纯,号武之。数学家和数学教育家。1923年赴美国留学,1928年在美国芝加哥大学获得博士学位。同年回国,先在厦门大学任教一年,次年即被清华大学聘为数学系教授。杨武之先生的主要学术贡献在数论研究上,尤其以"华林问题"的工作著称。他一生从事数学教育,特别是在清华大学和西南联大执教并主持系务时期,培养和造就了两代数学人才,对中国现代数学的贡献很大。

杨武之

江泽涵(1902—1994),著名数学家,中国拓扑学研究的开拓者之一,在代数拓扑学,特别是不动点理论方面做出有很出色的工作。1930年在美国哈佛大学获得博士学位后,为开源拓流,发展中国的拓扑学研究,于1931年毅然回国在北京大学数学系任教,后长期担任北京大学数学系主任,为北大数学系树立了优良的教学作风。从此他将自己的美好青春与祖国数学事业的发展紧紧联系在一起。1955年当选中国科学院学部委员(院士)。

江泽涵

华罗庚(1910—1985),20世纪最伟大的数学家之一,1955年被选为中国科学院学部委员,1982年当选美国国家科学院外籍院士,1983年被选为第三世界科学院院士,1985年当选德国巴伐利亚科学院院士。由他开创的中国数学学派在中国乃至世界数学具有极大的影响力。

华罗庚先生的数学人生富有传奇色彩。他于1910年出生在江苏金坛的一个小商人家庭。少年时即爱动脑筋,因思考问题过于专心常被同伴们戏称为"罗呆子"。1922年,12岁的华罗庚从县城仁劬小学毕业后,

华罗庚

进入金坛县立初级中学(现江苏省华罗庚中学)读书,在这里,他遇见人生的第一位数学伯乐——王维克。正是王维克老师独具慧眼,发现其数学才能,并尽力予以培养,引领少年华罗庚步入数学的奇妙天地。王维克后来留学法国,进入巴黎大学攻读数理与天文,成为居里夫人的一名学生。

1925年夏,华罗庚以优异的成绩初中毕业,因家里没钱供他念高中,只能暂时辍学在家。经过一番努力,他考取了上海中华职业学校,却因拿不出学费而中途退学,回家帮助父亲料理杂货铺,故华罗庚一生只有初中毕业文凭。此后,他用了5年时间,自学完了高中和大学低年级的全部数学课程。其间不幸染上伤寒病,落下左腿终身残疾,走路要借助手杖。

1930年,华罗庚发表在上海《科学》杂志上的一篇题为《苏家驹之代数的五次方程式解法不能成立之理由》的论文引起了时在清华大学数学系执教的熊庆来教授的关注和赏识。同年,熊庆来了解到华罗庚的自学经历和数学才华后,打破常规,想让华罗庚来清华大学图书馆担任馆员。1931年,华罗庚进入清华大学数学系任助理员。其间他在杨武之的指导下学习与研究数论。在清华的日子里,华罗庚还自学了多门外语,且在国内外杂志上发表了多篇论文。其追逐数学的梦在这里真正起航。

1936年,在维纳(Norbert Wiener)的推荐下,华罗庚前往英国剑桥大学进修。在短短的两年时间里,华罗庚做出了许多出色的研究成果,并发表了十多篇论文。特别值得一提的是,他解决了高斯提出的完整三角和估计这一历史名题。

1938年,华罗庚回国后,被聘为西南联合大学教授。在昆明当时艰苦卓绝的环境中,华罗庚白天给学生上课,晚上在昏暗的油灯下做数学研究。其间,他写出了20多篇论文,还完成了自己的第一部数学专著《堆垒素数论》。

1946年,华罗庚应邀前往普林斯顿高等研究院访问。之后被伊利诺依大学聘为正教授。1949年,中华人民共和国成立,华罗庚毅然决定放弃在美国的优厚待遇,于1950年2月携全家回到祖国。途中,华罗庚写下了那篇著名的《致中国全体留美学生的公开信》,他在信中如是说道:"梁园虽好,非久居之乡,归去来兮。"

回国后,华罗庚历任清华大学教授,中国科学院数学研究所、应用数学研究所所长、名誉所长,中国数学学会理事长、名誉理事长,中国科学技术大学数学系主任、副校长,中国科协副主席等职。1955年,被选聘为中国科学院学部委员。

终其一生,华罗庚在数学的诸多领域,如解析数论、矩阵几何学、典型群、自守函数论、多复变函数论、偏微分方程、高维数值积分等的研究中做出了非常突出的成就。此外,他还培养了一批中国数学界的骨干和年轻的新一代数学家,如段学复、闵嗣鹤、万哲先、王元、陈景润等,由他所开创的中国数学学派将会在新世纪具有更大的影响力。

20世纪50年代至60年代,根据中国国情和国际潮流,华罗庚积极倡导应用数学与计算机的研制,并亲自去全国各地普及应用数学知识与方法,走遍了20多个省、市、自治区,动员群众把"优选法"用于农业生产,为中国的经济建设做出了巨大贡献。

有学者说,华罗庚是中国的爱因斯坦。

也有学者说,华罗庚形成了中国数学。

在《几何人生Ⅱ》的第一幕第三场中还出现了一些数学人物——庞加莱、希尔伯特、外尔、冯·诺依曼、维布伦、莫尔斯和詹姆斯·亚历山大等,他们都是享誉世界数坛的学者。

亨利·庞加莱(Jules Henri Poincaré,1854—1912),20世纪最伟大的数学家之一。他在数论、代数、几何学、拓扑学、天体力学、数学物理等领域做出了极为重要的贡献。庞加莱的工作对20世纪,乃至当今的数学都有深远的影响。在天体力学上,他的研究是牛顿之后的一座里程碑。此外,他还是相对论的理论先驱。

庞加莱于1854年4月29日出生在法国南锡。他的童年是不幸的,五岁那年,因为生了一场病而近一年无法开口说话,这使得他的健康受损,进而远离了吵吵闹闹的童年嬉戏。他只好另找乐趣,这就是读书。在这个广阔的

亨利·庞加莱

天地里,他的天资逐渐得以展现。1862年,庞加莱进入南锡中学读书,因为视力极差,上课看不清老师在黑板上写的东西,只得全凭耳朵听,慢慢地他能够在头脑中完成复杂的数学运算。除了在音乐和体育课上表现一般,庞加莱在各方面都称得上成绩优异。庞加莱的数学才华在那时已经彰显无遗,他的老师形容他是一只"数学怪兽",这只怪兽席卷了包括法国高中学科竞赛第一名在内的几乎所有荣誉。

1873年中学毕业后,庞加莱进入巴黎综合理工学院攻读数学,在那里他得到著名数学家查尔斯·埃尔米特(Charles Hermite)的指导。两年后,庞加莱大学毕业,去国立高等矿业学校做一名工程师,但一有空闲就钻研数学。1879年,他在巴黎大学获得博士学位后,应聘到卡昂大学做数学教师。两年后,庞加莱晋升为巴黎大学的教授,讲授力学和物理学等课程。他在这里度过了富有数学传奇色彩的一生。

希尔伯特(David Hilbert,1862—1943),20世纪最伟大的数学家之一。他在代数、几何、分析、数学物理,乃至元数学等领域取得了一连串无与伦比的数学成就,无可争辩地成为世界数学的领袖人物。他于1900年在巴黎第二届国际数学家大会上提出著名的23个数学问题,激发了整个数学界的想象力,对20世纪的数学具有深远的影

响。希尔伯特就像数学世界的亚历山大，在整个数学版图上留下了他巨大显赫的名字。

希尔伯特于 1862 年出生在东普鲁士首府柯尼斯堡附近的韦劳(Wehlau)。他来自一个 17 世纪起定居于萨克森弗莱贝格附近的中产家庭。希尔伯特的成长深受康德思想的熏陶，每到这位哲学家的诞辰纪念日，少年希尔伯特总是诚心诚意地陪伴着爱好哲学的母亲去康德的墓地瞻仰先哲。1880 年，希尔伯特进入柯尼斯堡大学攻读数学，其间他与天才的闵可夫斯基和青年数学家赫尔维茨(Adolf Hurwitz)成为好友，在日复一日的散步里，他们将自己带向数学世界的远方。1885 年，希尔伯特在林德曼(Ferdinand von Lindemann)的指导下获得博士学位。之后他踏上了通往莱比锡、巴黎、哥廷根、柏林的数学旅行，1886 年希尔伯特获得柯尼斯堡大学的教师资格。1892 年升任副教授。一年后又升任教授。1895 年，源于克莱因的邀请，希尔伯特来到哥廷根，接任韦伯(Heinrich Weber)留下的教授席位。哥廷根的数学，因为希尔伯特的到来，终于迎来其最是辉煌的克莱因-希尔伯特时代。希尔伯特在哥廷根度过他的余生。

希尔伯特

赫尔曼·外尔(Hermann Weyl，1885—1955)被公认为是 20 世纪上半叶最重要的数学家之一。他在数学的许多领域都做出了杰出的贡献。在数学家眼中，他是一位数学大师；在物理学家眼中，他是一位量子论和相对论的先驱。外尔还是二十世纪最重要的粒子物理学理论——规范场理论的发明者。

外尔于 1885 年 11 月 9 日出生在德国汉堡附近的一个小镇。在很小的时候，外尔即在数学和科学上表露出极大的天赋。1904 年，源于中学校长的引荐，外尔进入哥廷根大学读书。在这里，外尔学习了许多新颖的数学课程，新世界的大门向他打开了。多年后，他如此回忆道：

赫尔曼·外尔

因为我那时全然的天真和无知，我冒昧地修读了希尔伯特在那个学期开设的关于数的概念和化圆为方的课程。虽说课程的大部分内容我都无法理解，但是，通往新世界的大门向我打开，此后不久，我年轻的心中便形成了一个决定——我必须尽一切办法阅读并研习希尔伯特先生所写的东西。

接下来的那个夏天,外尔带着希尔伯特的巨著《数论报告》回家。在整个暑假里,他在没有数论和伽罗瓦理论等准备知识的情况下,独自啃着这本高深的书,由此度过了他称之为"一生中最快乐最幸福的几个月"。

后来他成了希尔伯特的"数学儿子"。在希尔伯特的指导下,外尔于1908年获得博士学位,作为编外讲师于两年之后留在哥廷根大学。1913年,外尔被聘为苏黎世联邦理工学院的教授。1930年,希尔伯特在哥廷根退休,外尔回到母校接任了希尔伯特的教授职位。然而3年后,因为险恶的政治形势他不得已离开这个他心向往之的数学圣地,远赴普林斯顿高等研究院谋得一个职位。20多年后的1955年,外尔在苏黎世离世。数学科学的世界因此而失去了一位卓越的数学家,一位当代物理学的奠基人和一位最优秀的诠释者。

冯·诺依曼(John von Neumann,1903—1957)是20世纪最重要的数学家之一,他被誉为"计算机之父"和"博弈论之父",以其在计算机和博弈论上的卓越贡献闻名于数学科学的世界。

冯·诺依曼于1903年12月28日出生在匈牙利的布达佩斯。从孩提时代起,他就显示出数学和记忆方面的天赋。1921年中学毕业后,冯·诺依曼成为布达佩斯大学数学系的一名学生,不过在大学四年的大部分时间里,他辗转读书于柏林大学与苏黎世联邦工业大学。1926年,冯·诺依曼曾造访哥廷根大学,给希尔伯特留

冯·诺依曼

下了深刻的印象。1927年,他在柏林大学获得一个教职,不过在那里待了3年后,他又去了汉堡大学。1930年,冯·诺依曼到美国访学,不久后即被普林斯顿大学聘为客座教授。1933年,他被任命为普林斯顿高等研究院的教授,成为当时高级研究院六名教授当中最年轻的一位。

奥斯瓦尔德·维布伦(Oswald Veblen,1880—1960)是美国本土培养的第一代数学家,他在射影几何、微分几何和拓扑学等领域做出了重要贡献,被誉为美国拓扑学的奠基人。因此维布伦获得了一系列荣誉:美国科学院院士、伦敦科学院院士、丹麦科学院院士等多国科学院的院士,以及包括牛津大学、汉堡大学和奥斯陆大学在内的多所大学的荣誉博士。此外,他还是普林斯顿高等研究院的筹建者之一,为美国数学的崛起贡献了一生的力量。

维布伦于1880年6月25日出生在美国艾奥瓦州的迪科拉市,他的祖上是挪威人。3岁那年,举家随父亲搬迁到爱荷华市,他在那里接受了初等教育。1894年,维布伦进入爱荷华州立大学读书,四年后获得学士学位。1900年,维布伦到芝加哥大学深造,在数学家穆尔(E. H. Moore)的指导下,于1903年完成题为《几何学的公理化》的博士论文,进一步完善了希尔伯特的公理化体系。之后维布伦先后在芝加哥大学、普林斯顿大学、普林斯顿高等研究院工作。1950年,他从高等研究院荣誉退休。同年,国际数学家大会首次在美国本土召开,维布伦被选为大会的主席。1960年8月10日在缅因州布鲁克林去世。

维布伦

作为一名数学家,维布伦的主要研究领域是几何学,他于1905年最先严格证明了若尔当闭曲线定理,在《微分几何基础》一书中第一次给出了微分流形的公理化定义,通过他和学生们的推动,由庞加莱发明的组合拓扑学成为20世纪数学的主流。除学术研究外,维布伦还为美国数学的发展做出过重要贡献。他是美国数学会早期当之无愧的卓越领导者。1923年他当选为美国数学会主席时,美国数学的发展还很落后,经过维布伦以及他那一代数学家的努力,到20世纪中叶,美国已经成为世界数学强国。

莫尔斯(Marston Morse,1892—1977),著名美国数学家。他以创立莫尔斯理论而闻名国际数坛。莫尔斯因其在数学上的重要贡献而获得一系列荣誉,其中包括荣获美国国家科学奖章,以及两次受邀在国际数学家大会上做学术报告(1932年和1950年)。

1892年3月24日,莫尔斯生于缅因州沃特维尔,他的父亲是一名农民和房地产经纪人。1910年前后,莫尔斯进入科尔比学院读书,并于1914年后获得学士学位。随后进入哈佛大学深造,1917年,莫尔斯在哈佛大学获博士学位,其导师正是著名数学家伯克霍夫(George Birkhoff)。在第一次世界大战中,莫尔斯曾在美国远征军中服役,战争之后在康奈尔大学、布朗大学、哈佛大学执过教。1935年,莫尔斯被聘为普林斯顿高等研究所的终身教授,直到1962年退休。他于1977年6月22日在普林斯顿离世。

莫尔斯

正如上面提到的,莫尔斯最重要的数学贡献是创立了以他的名字命名的"莫尔斯理论",这一理论源于他在 20 世纪 20 年代所写的一篇重要论文:*Relations between the critical points of a real function of n independent variables*。在这篇论文中,莫尔斯考察了非退化光滑函数的临界点的性态与紧流形的拓扑结构之间的联系,通过将拓扑和分析方法相结合,建立了非退化临界点理论。此后,莫尔斯终其一生都在一心一意地坚持这个主题的研究。莫尔斯理论或许是美国数学的最大贡献之一。现如今,莫尔斯理论已成为微分拓扑学这一新兴学科的重要组成部分,并被应用于微分几何、偏微分方程等各个数学领域而取得许多重要的结果。

当然,创建莫尔斯理论并不是莫尔斯唯一的贡献,他的研究还涉及动力学、极小曲面和单复变函数理论等。他的一生勤勉,写有 100 多篇论文和 8 本书,《美国传记词典》上这样写道:

> 莫尔斯一生都保持着缅因州的节俭和勤勉。他工作时间很长,有许多合作者(通常是研究生级别的合作者),他向他们传达了他对数学的无限热情。

这里还值得一提的是,1927 年夏,在姜立夫的鼓励和督促下,青年学子江泽涵参加了清华大学留美专科生的考试,获得了那年唯一一个出国学数学的名额,赴哈佛大学数学系攻读博士学位。他的博士论文导师正是莫尔斯。彼时莫尔斯的临界点理论刚刚问世,这一理论深刻地揭示了拓扑学在分析学中的重要作用,引起江泽涵的浓厚兴趣,自此一生与拓扑学结缘,后来成为中国拓扑学研究的开拓者。

詹姆斯·亚历山大(James Alexander,1888—1971),美国数学家。他在拓扑学上做出了重要的贡献。以他的名字命名的"亚历山大多项式"是一类重要的扭结不变量。

1888 年 9 月,亚历山大出生在美国新泽西州。中学毕业后,他进入普林斯顿大学学习数学和物理,并在 1910 年获得理学学士学位,一年后,又获得硕士学位。1912 年,他到欧洲深造,之后回到普林斯顿继续他的数学研究,并于 1915 年获得博士学位。之后他有机会在普林斯顿大学数学系工作。1933 年,亚历山大被聘为普

詹姆斯·亚历山大

林斯顿高等研究院的教授,直到 1951 年退休。然而,他从未在高等研究院领过薪水,因为作为一位百万富翁,詹姆斯·亚历山大不需要薪水。

亚历山大的主要研究领域是拓扑学。在 1920 年之前的早期工作中,他证明了单纯复形的同调群是一类拓扑不变量,这为庞加莱当初的直觉思想提供了更为坚实的基

础。20世纪20年代,他推广了若尔当闭曲线定理,证明了亚历山大对偶定理以及构造了著名的角球(the now famous Alexander horned sphere)。1928年,他发明亚历山大多项式,这是扭结理论中的第一个多项式扭结不变量,后在扭结理论被广泛使用。作为代数及组合拓扑学发展的主要人物之一,亚历山大为庞加莱的同调群思想奠定了数学基础,还发展了上同调理论。

在话剧第二幕第三场和第三幕第二场中,出现了两位中国数学科学人物——孙光远、杨振宁,他们或是陈省身的师长,或是他的朋友。

孙光远(1900—1979),原名孙鏛,数学家,中国近代数学奠基人之一,中国微分几何与数理逻辑研究的先行者。孙光远于1927年在美国芝加哥大学获得博士学位,师从著名数学家莱恩(E. P. Lane)教授。1928年回国,任北京清华大学数学系教授。他治学严谨,通晓多国文字,经常在国内外数学杂志发表学术论文。陈省身是他的第一个硕士研究生,也是中国培养的第一个数学硕士研究生。

孙光远

杨振宁(1922—),著名物理学家,1957年获诺贝尔物理学奖。他是中美关系松动后回中国探访的第一位华裔科学家,为积极推动中美文化交流,促进中美两国建交、中美人才交流和科技合作等诸多方面做出了重大贡献。

1922年10月,杨振宁出生于安徽合肥。1928年,随父亲杨武之赴厦门大学,进入小学二年级读书。次年又随父亲举家赴北平,居于清华院西院十一号,入小学三年级。1942年,杨振宁毕业于西南联合大学,两年后,获得硕士学位。1945年,获奖学金赴美留学,就读于芝

杨振宁

加哥大学,3年后获得芝加哥大学哲学博士学位。随后即开始了其科学研究之旅。杨振宁在粒子物理学、统计力学和凝聚态物理等许多领域做出了里程碑式的贡献,在诸如相变理论、杨-巴特斯特方程、杨-米尔斯规范场理论等重要研究中闪烁其靓丽的身影。

2.3 话剧中的一些科学故事片段

在《几何人生Ⅱ》中特别谈及两个数学科学故事画片:高斯-博内-陈定理的内蕴证明和杨-米尔斯规范场理论,它们都是数理科学研究中的重要里程碑,具有超越世纪的影响力。

在话剧的第三幕第一场《让我们从三角形内角和定理谈起》中,涉及的科学故事主题是高斯-博内-陈定理的内蕴证明。

让我们从三角形内角和定理谈起

话剧故事从经典的三角形内角和定理说起,通过两个话剧人物——陈省身和他思想的化身之间的对话,为我们讲述了这段数学传奇的简约历程。

在距离欧几里得 2000 多年后,德国天才数学家高斯推广了经典的三角形内角和定理。在一篇题为《关于曲面的一般研究》(*Disquisitiones generales circa superficies curvas*, 1827)的重要论文中,高斯给出了关于曲面上测地三角形的公式。大约 21 年后,法国数学家博内(Pierre Bonnet)又将高斯的公式推广到以一条任意曲线为边界的单连通区域。其后,又有数学家将高斯-博内定理推广到任意亏格的闭曲面的情形。

1925 年,著名数学家霍普夫又把公式推广到 $\mathbb{R}^n$ 中的余维数为 1 的超曲面。在经过 15 年的等待后,艾伦多弗(C. B. Allendoerfer)和费恩雪尔(W. Fenchel)研究了可以嵌入到欧氏空间中的可定向闭黎曼流形。1943 年,艾伦多弗和韦伊(André Weil)把公式推广到闭黎曼多面体,也即一般的闭黎曼流形。但他们的证明都不是内蕴的。

1943年8月,陈省身应邀访问普林斯顿高等研究院。3个月之后,写出题为《闭黎曼流形上高斯-博内公式的一个简单内蕴证明》(*A simple Intrinsic proof of the Gauss-Bonnet Formula for closed Riemannian manifold*)的重要论文,在这篇短短的不到6页的论文中,陈省身首创运用 E. 嘉当的外微分理论和活动标架方法,通过在长度为1的切向量丛上的运算,并结合拓扑学的思想,成功地证明了一般(偶数维)闭黎曼流形上的高斯-博内-陈公式。此后"外微分""联络""纤维丛"等成为微分几何的基本概念。

1945年10月,陈省身完成论文《埃尔米特流形的示性类》,这是他的又一项重要工作。其中提出了一种刻画流形结构的新的不变量,后来被称为"陈类"。"陈类"在现代数学中有着广泛的应用,特别是在几何学、拓扑学和代数几何领域。

陈省身的这些工作,将微分几何学带入了一个新的时代。

壶中日月有几何

在话剧的第三幕第二场《壶中日月有几何》中,谈到陈省身和杨振宁"科学会师"的故事。

话说差不多在陈省身内蕴地证明了高斯-博内-陈定理的十年后,1954年,杨振宁和米尔斯研究非交换的规范场(现以杨-米尔斯理论著称),揭开了物理学研究的新篇章。

经过30年的探索,1975年,杨振宁明白了物理学中规范场理论和微分几何的纤维丛理论有着奇妙的联系。于是他驱车前往陈省身在伯克利附近的"小山"寓所,激动地告诉陈省身:"物理学的规范场正好是纤维丛上的联络,我们从事的研究乃是'一头大象的不同部分'。"由于陈省身的纤维丛理论是在不涉及物理世界的情况下发展起来的,杨振宁感怀说:"非交换的规范场与纤维丛这个美妙的理论在概念上的一致,对我来说是一大奇迹。特别是数学家在发现它时没有参考物理世界。你们数学家是凭空想象出来的。"陈省身马上反驳:"不,不,这些概念不是凭空想象出来的,它们是自然的,也是真实的!"

物理几何是一家。这就是陈省身和杨振宁"科学会师"的故事。

在20世纪的世界科学史上,有许多华人科学家做出了自己的贡献。陈省身和杨振宁的上述工作,无疑属于其中最重要的部分,是数理科学的核心和主流,其影响已经并将长远地延续在21世纪。

追寻上面这两段数学科学的话剧故事,可以让青年学子们在感悟大师的科学工匠精神的同时,亦收获智慧和人生的启迪。

2.4　21世纪数学大国

1980年春,陈省身先生在北京大学作题为《对中国数学的展望》的演讲时,说道:"数学是一门古老的学问。在现代社会中,因为科学技术的进步和社会组织的日趋复杂,数学便成为整个教育的一个重要组成部分……从几千年的数学史来看,当前是数学的黄金时代。""为什么要搞数学呢?答案很简单:其他的科学要用数学。""中国的近代数学,发展较日本为晚。但中国数学家的工作,有广泛的范围,有杰出的成就。"最后,陈先生提出:"我们的希望是在21世纪看见中国成为数学大国。"

1985年,陈省身先生还曾为华东师大数学系的《数学教学》杂志题词:"21世纪数学大国"。

1988年夏,在南开大学举行的"21世纪中国数学展望"学术研讨会上,"21世纪数学大国"被称为"陈省身猜想"。那么,何为"数学大国"呢?陈省身先生的解释是:

中国数学的目的是要求中国数学的平等和独立。我们跟西方数学做竞争,不一定非要最优秀,或者跟赛跑似的,非要争个第一、第二不可。但是一定要争取实质上的平等,在同一起跑线上各有胜负,互有短长,我们也要求独立。就是说,中国数学不一定跟西洋数学做同一方向,却具有同样的水平。

那么,中国的数学该怎么发展,如何使中国数学在21世纪占有若干方面的优势呢?陈先生说,"这个办法说来很简单,就是要培养人才,找有能力的人来做数学。找到优秀的年轻人在数学上获得发展。具体一些讲,就是要在国内办十个够世界水平的第一流的数学研究院。"正是在这样的思想指导下,他于二十世纪80年代在天津创办了南开数学研究所。

1972年9月,陈省身携夫人郑士宁访问阔别20多载的祖国,并中国科学院数学研究所做了题为《纤维空间和示性类》的演讲,从此,他几乎每年回国讲学。在与老友的谈话中,陈省身多次流露出余生要为祖国的数学事业做贡献的意愿。

在当时的社会背景下,聘任一位外籍专家担任数学研究所领导职务,这在国内根本没有先例——1981年,借在美国参加国际会议的机会,当时的南开大学副校长胡国定专程到伯克利分校拜访陈省身,邀请他回南开大学工作,建立数学研究所。在此后的数年中,陈省身为南开数学研究所的筹建冥思苦想、费尽心力。在南开大学陈省身数学研究所的档案室里,至今仍存放着陈省身与胡国定两位先生200余封多年以来穿越太平洋的通信,从介绍著名数学家来讲学,到引进人才,再到筹措捐款,事无巨细。"我记得,寄往美国的航空信是十天到,常常是我的信还没寄到,陈省身先生的又一封信就来了,他为南开数学研究所花费的心思太多了。"胡国定如是说。

在80年代初南开数学研究所房无一间、书无一册的困难条件下,陈省身不仅将自己的全部藏书一万余册捐赠给数学研究所,还将当时获得的世界数学最高奖——沃尔夫奖的5万美元奖金全部捐赠给南开数学研究所。

1985年10月17日,南开数学研究所正式揭幕成立,陈省身为首任所长。南开数学所的建立被认为是中国数学发展史上的一个创举。陈省身先生在仪式上表示将亲自讲课和指导研究生,热切希望在中国大地上早日出现像欧几里得、高斯这样伟大的数学家。

在陈省身的建议下,由吴大任归纳,提出南开数学所的办所宗旨为"立足南开,面向全国,放眼世界"。践行这一宗旨的开山之举便是"学术活动年"。从1985年开始,每年选择一个主题,聘请国内一流专家担任学术委员,在南开举行为时三个月到半年的学习班,全国的研究生都可以参加。国内专家从基础讲起,直到现代数学研究的前沿,然后多半由陈省身出面邀请一些国际名家来演讲,使大家迅速接近世界先进水平。这样的"学术活动年"在11年中举办了12次,成为中国数学界的盛会。

陈省身所有的努力,只为一个目标——21世纪中国成为数学大国。

在陈省身和丘成桐的建议下,中国申请并获得第24届国际数学家大会的主办权。2002年8月20日,全球4000多名数学家云集北京人民大会堂,共同分享数学科学领域的前沿成果与重大进展,探讨新世纪的数学发展趋势。在开幕式上,陈省身作为大会名誉主席致辞,他说:"2002年国际数学家大会很有希望成为中国现代数学发展史上的一个里程碑。"国际数学家大会的举办,是中国在国际数学界和科学界地位的体现,是中国数学发展的新起点,也掀开了国际数学发展的崭新一页。

陈省身多次指出,中国要成为"数学大国",就必须做"好"的数学。只有好的数学,才会有自己的特色,才能在国际数学界取得"独立平等"的地位。

1992年5月31日,陈省身在"纪念国家自然科学基金十周年学术报告会"上的讲话中说:"一个数学家应当了解什么是好的数学,什么是不好或不太好的数学。有些数学是具有开创性的,有发展的,这就是好的数学。还有一些数学也蛮有意思,却渐渐地变成一种游戏了。"他进一步举例说,解方程是一种好的数学,因为伴随着"解方程"这一数学问题的深入,出现了复数、黎曼曲面、亏格等内容,影响着许多学科的不断发展,像方程这样的数学问题，其价值是永恒的。

1994年1月6日应上海市数学会之邀，在上海科学会堂对青年数学家演讲时，陈省身再次论述这一问题。他引用20世纪数学巨匠希尔伯特在20世纪开始的那一年——1900年在第二届国际数学家大会做题为《数学问题》的演讲中提出的标准，认为好的数学问题应满足两个条件：一是易懂，二是难攻。比如说费马问题、三体问题，都是一看就不难懂得问题的含义的，不过这两个问题都很难，却都是能着手工作的，这些问题对20世纪的数学发展起了巨大的推动作用。

"最好的数学要有新的观点，把人家的东西照葫芦画瓢，当然不是好的数学。世上所有的科学实验和研究，许多都是浪费的，只有几件事是传得下去的。我们搞数学的人相信，假使数学是好的，一定会有应用。"

在陈省身看来，抽象的数学往往会有奇妙的应用。他说："数学是很奇怪的东西，好像是非常之抽象，好像是有许多事情是大家脑筋里头想这些抽象的问题，不过从几千年的历史看起来，这种抽象的思想是很有用处的，很多抽象的结果在其他方面会有很深刻的应用。"他举例说，古典几何学中的正多面体理论被化学家用来研究分子结构，拓扑学的扭结理论被生物学家用来研究DNA结构，研究人口学的论文中会大量出现圆周率的内容，等等。

而20世纪抽象数学一个最神奇的应用，莫过于陈省身在20世纪40年代所开创的整体微分几何学，竟然在30年后与理论物理研究发生了紧密的联系！此即上述话剧科学画片中讲到的"几何物理是一家，陈省身与杨振宁科学会师"的故事。另外一件同样让人惊奇的事是，陈省身与美国数学家西蒙斯（J. H. Simons）合作，于1974年提出了一种新的几何不变量——后被称为"陈-西蒙斯理论"。谁也没有想到，这个纯粹几何学的概念竟然会在10多年后又与物理学的杨-米尔斯规范场相联系，导致一门崭新的物理学领域——拓扑量子场论的诞生。现如今，"陈-西蒙斯不变量"已成为同时在数学和物理学文献中出现最频繁的词汇之一。

陈省身认为"数学没有诺贝尔奖是幸事"。他觉得数学没有诺贝尔奖的理由很简单：

诺奖奖励对人类幸福有贡献的人。所以它包括和平、医学和文学。设奖者高瞻远瞩，知道物理、化学将有大发展，是一个不得了的先见。初奖在1901年，第一个得物理学奖的是伦琴，因为他的X射线的发现。

数学不可能有这样的贡献。数学的作用是间接的。但是没有复数，就没有电磁学；没有黎曼几何，就没有广义相对论；没有纤维丛的几何，就没有规范场论……物质现象的深刻研究,与高深数学有密切的联系,实在是学问上一个神秘的现象。

科学需要实验。但实验不能绝对精确。如有数学理论,则全靠推理,就完全正确了。这是科学不能离开数学的原因。许多科学的基本观念,往往需要数学观念来表达。所以数学家有饭吃了,但不能得诺贝尔奖,是自然的。

数学没有列入诺贝尔奖的范围,许多人为此愤愤不平,更多的则是惋惜。陈省身先生的看法很特别。"数学中没有诺贝尔奖,这也许是件好事。诺贝尔奖太引人瞩目,会使数学家无法专注于自己的研究。""数学是一门伟大的学问。它的发展能同其他科学联系,是人类思想的奇迹。数学的一个特点,是有许多简单而困难的问题。这些问题使人废寝忘食,多日或经年不决。但一旦发现了光明,其快乐是不可形容的。"

陈省身所欣赏的"数学那片安静的世界",至今依然是众多数学家共同的乐园。像英国数学家安德鲁·怀尔斯为证明"费马大定理",在普林斯顿面壁八年,沉浸在费马问题的那片安静的数学天地里,无声无息地度过了宝贵的数学时光,最后收获了成功和喜悦!

"数学上这样简单而困人的问题很多。生活其中,乐趣无穷。这是一片安静的天地;没有大奖,也是一个平等的世界。整个说来,诺贝尔奖不来,我觉得是数学的幸事。"

总之,在陈省身先生看来,获奖只是结果,而不是目的。与其追、争、抢奖,不如无奖。

作为21世纪数学大国的一个重要组成部分,陈省身先生亦非常关注数学教育以及数学文化的普及工作。2002年8月,先生为"中国少年数学论坛"题词"数学好玩",这是一种在中国数学教育史上从未有过的提法,给广大教师和家长带来极大的触动和启发。几天之内,"数学好玩"这短短几字以惊人的速度扩展,形成了一股强大而清新的旋风,吹进了人们的心田。对书包过于沉重的中国少年来说,这一题词真是太重要了。陈省身注释说:

数学是很有意思的科学。所以我给孩子们题为:"数学好玩"。数学课要讲得让孩子们有兴趣。孩子们都是有好奇心的。他们对数学本来也有好奇心。可是教得不好,把数学讲得干巴巴的,扼杀了好奇心,数学就难了。

他对于中国数学教育的期望是:

走自己的路,不要学美国的数学教育。我们的学生基础比较好,应当保持。然后注意创造性,使学生对数学发生兴趣,觉得"数学好玩"。我希望,中国的中小学课堂里能够走出一大批世界一流的数学家。

陈省身先生常说,天下美妙的事件不多,数学就是这样美妙的事之一。2003年岁末,将迎来的第二年是甲申(猴)年。陈省身忽发奇想,要设计一套其名曰"数学之美"的挂历。随后他亲自构思、设计,拟用通俗的形式展示数学的深邃与美妙。出现在挂历中12幅彩色月份画页的主题是:

复数(一月)、正多面体(二月)、刘徽与祖冲之(三月)、圆周率的计算(四月)、高斯(五月)、圆锥曲线(六月)、双螺旋线(七月)、国际数学大会(八月)、计算机的发展(九月)、分形(十月)、麦克斯韦方程(十一月)和中国剩余定理(十二月)。

每张彩页都有优美洗练、简洁易懂的文字来介绍重要的数学定理和伟大的数学家,并辅以直观、形象的图形或照片资料解释这些著名数学概念以及定理的产生与应用。整个挂历可谓是一部简约的数学概论和数学发展史。

由于陈先生特别青睐复数,故将它列为挂历一月的主题。他曾如是说:

复数是一个神奇的领域。例如有了复数,任何代数方程都可以有解,而在实数范围就不可以……我的眼光集中在复结构上,复丛比实丛来得简单。在代数上复数域有简单的性质。群论上复线性群也如此,这大约是使得复向量有作用的主要原因。

陈省身于20世纪40年代所发现的"陈类"就是复向量丛上的一类重要的拓扑不变量。对他来说,"几何中复数的重要性充满神秘,它是如此优美而又浑然一体"。陈省身曾为中国古代数学家没有发现复数而感到遗憾,可是他在复几何领域的开创性工作当可以在某种程度上弥补这一缺憾。

若有一天,当你与你们邂逅"数学之美",是否会想到出版于2004年的这一珍贵的挂历画页里的每一个人物,每一个公式、图片,都经陈省身先生亲自圈点,甚至有些数学图形的草图也由他亲手绘制。这部数学挂历,是当年已92岁高龄的数学大师送给青少年以及数学文化爱好者的一件最为珍贵的礼物!它对于激发青少年学习数学的兴趣、提升青少年科学素质以及推动数学知识的普及,具有极为重要的功用。

2.5　收获、启迪与展望

2017年的原创数学话剧《几何人生——大师陈省身》可谓是"数学文化传播——数学中国"主题的第一部话剧。话剧以陈省身先生的智慧人生和科学故事绽放话剧的精彩。整部话剧围绕着"世界数学的大师"和"中国数学的泰斗"两条主线展开。作为"世界数学的大师",陈省身先生有超越国界的宽广视域;作为"中国数学的泰斗",他则以自己的拳拳之心引领中国数学走向世界。在陈先生的身上,踏入现代数学殿堂的开拓进取精神和他心中炽热的中国情,两者交相辉映。既要实现在学术上高山望远,更要把其毕生所学全部奉献给自己的祖国,这是先生一生的真实写照。话剧在呈现先生的精彩数学人生故事的同时,也融合有古代中国数学的一些相关的知识画片,以期待让观众更好地感悟大师们的科学精神和爱国情怀。期待这部话剧可以赋予年轻学子们以智慧和人生的启迪,为中华民族伟大复兴,为现代中国数学科学之崛起而努力工作和读书!

回顾这一数学话剧的历程,有着诸多的感动和启迪。恰如诸多同学在他们的话剧感言中说到的,这部话剧就像一条数学文化的纽带,将大家彼此联系在一起,他们不仅收获了知识,还收获了快乐,受益匪浅。这里分享一些文字和画片。

走近陈省身——这是一个新的故事

只身一人来到这个陌生的城市,没想到与数学话剧来了次惊喜的邂逅。在参演了《黎曼的探戈》之后,我又一次走入了另一位数学大师陈省身的世界。

起初我没有想到的,数学文化传播居然是一个参与数学话剧演出的过程,原来以为数学文化传播一定是无聊的,只能听着枯燥无味的数学知识打瞌睡了。然而,事实上数学新世界的大门再一次为我开启,它刷新了我对数学的想象与认知,原来,数学的故事不仅是数字、方程、公式……它更是几代人无限钻研、无限探究所带来的收获,这样,数学的内容因此而丰富,数学的精神因此更加多元。

……那一束光照在我身上时,舞台下黑漆漆的,我仿佛只能听见自己的心跳声,这种感觉让人新鲜却又紧张,脑海里的台词一句句浮现,从容地表演着,微笑着。将数学与话剧联系在一起,这个想法是很具有创新精神的,也十分有助于数学文化的传播,很多为数学奉献了一生的数学家因此被更多的人铭记。

那个时代的数学家们将数学研究视为己任,将数学融入他们的生命中,这种精神令人感动。我想我们当代的学生正缺少这种精神与劲头,不过通过话剧的演出可以让更多人了解到数学的趣味性和数学家们研究数学的锲而不舍的精神,我想这才是这门课和这部数学话剧更大的意义。

作为一名大一新生,我很幸运有机会再一次参加数学话剧的演出。它给予我勇气,让我从最初的胆怯蜕变成勇敢站在舞台上展现自己;它给予我充实和欢乐,让我结识了很多的朋友;它给予我力量,让我知道原来自己可以有不同的可能。

最后感谢为这部话剧付出那么多心血的所有人,真诚地道一句:谢谢!

聆听与寻梦

……到后来,我荣幸地在一部新话剧《几何人生》中获得了一个角色,我也开始在数学文化上有了属于自己的梦。于是,寻梦。于是,采摘梦的果实。课上的一次次排练,最后剧场的真实彩排,一幕幕进步,一幕幕收获感动。

记得第一次的课上排练,同学们对自己角色的定位和性格都有些捉摸不透,排练起来十分艰辛。我的角色是扮演一个字母,台词无多,又是在最后一场,于是在等前几场同学排练时有些不耐烦。但是我偶然发现,导演们即使指导排练很累了,也依然不厌其烦地对演员们进行最重要的首排指导。他们一直在工作,又没有什么奖励,因为数学话剧演出是公益性的,而我在一旁候场,却不耐烦,这不是很可笑吗?这时,我学会了耐心——寻梦执着的来源。

记得后来在学校拍定妆照时,一场场的演员依次拍摄,这时我才意识到原来自己的寻梦路并不孤单。在我排练的时候,所有其他的演员同样在排练。我们每一个寻梦者的背后,都有一个共同的后盾——整个数学文化传播的班级。老师说过,我们是"相聚在220教室",这是一场数学文化有生力量的集合。在这时,我学会了合作——寻梦的传承。

最后,《几何人生》终于在2017年12月17日晚6点在华东师范大学紫竹教育园区音乐厅上演……最后谢幕时,心里充盈着满满的感动,不仅是自己投入努力收获了回报,更是为自己也成为数学文化传播一员而荣幸。

聆听与寻梦,感谢你,数学文化传播!

是的。这就是团队合作的力量。因为话剧《几何人生》,因为"数学中国"这样的旋律,我们一道为此群策群力,才得以造就那晚话剧演出的精彩!在掌声中,话剧演出完美落幕,而数学文化会在一届又一届的传播中汇集一群可爱的人,在数学中相聚、相知!……

2018年,我们在《几何人生》的基础上推出了《几何人生Ⅱ》。这部新的话剧依然以数学大师陈省身的智慧人生和科学故事绽放话剧的精彩。和原先的话剧《几何人生》有所不同的是,这回的话剧本从一些数学学习者的视角展开并讲述故事,一本《陈省身传》导引出两位大学生相识相遇相知的缘分,带领观众跟随他们一道走进陈省身先生的"几何人生"。到目前为止,这部话剧已经公开演出了12场。四年间,话剧的足迹到过上海市宋庆龄学校、江苏省常州市北郊高级中学,也到过北京大学、南开大学、中国科学技术大学等地。所到之处,亦受到老师、同学和朋友们的热情欢迎。伴随时间的步履,《几何人生Ⅱ》将可以走入越来越多的大学,以及中小学的校园……

以下是《几何人生Ⅱ》话剧演出的一些精彩画片。

《几何人生Ⅱ》话剧首次演出(2018年10月20日),华东师范大学紫竹教育园区音乐厅

话剧第二次演出(2018年11月11日),上海戏剧学院端钧剧场

话剧第四次演出(2019年3月13日),上海宋庆龄学校

话剧第六次演出(2019年5月12日),江苏省常州市北郊高级中学

话剧第八次演出(2019年10月13日),北京大学新太阳学生活动中心

话剧第十、十一次演出(2021年9月19—20日)，南开大学主楼小礼堂

话剧第十二次演出(2021年11月6日)，中科大西区学生活动中心

李艳——作为全程参与《几何人生Ⅱ》话剧活动以及数学话剧团队的主创之一——在其硕士学位论文《数学文化教育实践活动研究——以话剧〈几何人生Ⅱ——大师陈省身〉为例》中，对数学话剧的教育功能做了较为深入的实证研究。

有137名学生参与了她的研究，他们来自数学话剧实践活动的参与者和"数学文化"通识课的选课者。其中，数学类专业的学生约占比34.3%，文学类专业的学生占比27.7%，艺术类专业的学生约占比19.7%，其他约占18.3%。其中，本科生有117人，硕士研究生有17人，博士研究生有3人。

从量表结果分析来看，参与研究的学生普遍认同数学话剧的教育价值。其中，有92.0%的同学认同数学话剧是一种有趣的数学文化传播形式；有91.2%的同学认同通过数学话剧可以让他们了解到了中国的数学史与成就，激发了他们的爱国情怀；有89.8%的同学认同数学话剧在激励他们主动了解相关的数学史和数学知识方面具有推动作用；有88.4%的同学认同数学话剧展示了数学在不同文化中的发展，可以培养学生的全球意识，形成多元的文化观；同样也有88.4%的同学谈及在数学话剧中看到了文理学科的交融。

进一步基于对问卷调查结果、访谈和观后感的综合分析可以看到，经由数学话剧的形式进行数学文化实践教育在促进数学学习、走进先哲心灵、改变数学信念、传递人文精神、跨越学科鸿沟等许多方面展现有丰富的教育价值。具体而言，《几何人生Ⅱ》这一数学话剧实践活动对学生三个方面具有普遍性的影响。

一是了解中国数学史，激发爱国情怀。剧中以陈省身先生为代表的众多中国数学家前辈一生心系中国数学科学的发展,无私奉献的民族大义感动着参与在话剧系列活动中的以及观演的每一个人,结合战乱年代的时代背景,当可以极大地激励青年学子为祖国的数学科学之崛起而读书、奋勇向前……这或是"数学中国"主题的话剧最为重要,也是最为显著的一大教育影响。

二是培养数学感性,提供学习动力。数学话剧是一种将数理科学和人文艺术相结合的数学文化教育形式,其打破了传统意义上的文理隔阂。数学史所体现的人文性代替了数学学科带给人的疏离感。而经由生动具象的舞台演绎、鲜活的故事呈现让数学变得亲切而灵动,有血有肉且有灵魂。当学生由此看到了数学的美、数学的有趣,他们中的一些人因此主动地去了解话剧中的数学家,去学习话剧之外的数学知识。

三是感受理性精神,坚持心中所爱。剧中数学大师的人格魅力无疑是巨大的,这部话剧所塑造的人物形象也是多面立体的。一方面,陈省身先生刻苦钻研、勇攀科学高峰的精神和其在学术研究上的卓越成就让学生们明白了成功不仅需要天赋,更需要不懈努力。另一方面,先生谦虚、豁达,待人和善,有一套自己的独特处世哲学。这些生活片段的展示拉近学生与大师之间的距离,展示了数学大师作为普通人在平凡的生活中坚持着自己热爱的事业。

让我们再来分享一些关于这部数学话剧感言的文字和画片。

漫游数学,感悟传承

在上《数学文化》课程之前,我一直以为数学就是刷题以及各种验算和数字符号,虽说自己也对数学有一定的热爱,但想想也许是将一道数学题解算出来的兴奋,而算不上对数学本身的热爱。对于数学文化,我了解得远远不多,直到观看了话剧后,我才真正第一次知道了陈省身这个人。

……对于学术的追求和对于祖国的热爱是我观看《几何人生Ⅱ》后最直观的感受。"我的绵薄贡献是尽力帮助中国人树立起科学的自信心。"陈省身先生曾如是说。漫游于数学王国,不像我们会有所谓成绩、分数等较为功利的束缚,陈先生所追求的是数学的突破和真理的畅快,他所追求的不只是个人在学术上的突破,更是对中国数学复兴的巨大贡献。

在这之前,我从来不知道"数学"和"话剧"能够结合在一起,数学话剧的创作与实践,是一个给人惊喜的事情,不仅可以让我们更深入地了解数学知识背后的文化,同时也能加深同学们对数学文化的理解,让观众比较轻松地获得相关的数学和人文知识,感悟数学科学世界的美,提高自身的科学与人文修养。话剧中台词的设计和表演形式也很新颖,采用"采访""故事演绎""学生作业"的形式,尤其是两个学生的讨论那一场的时候,让我感觉不是在看话剧,而是身临其境,很有沉浸式看话剧的感觉。

……三角形内角和定理的故事我们中学的数学老师也会给我们拓展,当时我会觉得数学理论的高深和奇妙,但是由于和考试完全没有关系,只当一个普通的拓展小知识,完全没有想到这一数学理论知识的背后还有这么精彩的故事……我相信,若能将更多好玩的数学故事和数学理论背后的故事由同学们来演绎出来,再搬到舞台上,将更能体现数学文化教育的价值和"数学之美"。

此外,我希望在这之后能够慢慢去了解更多有意思的数学文化和数学大师的故事,期待自己尝试走进数学话剧这个模块,和大家一起探索数学之美和理性精神。我很幸运能够怀着对数学懵懂的热爱来走进更深的探索之中,走到更远的道路上去。

追忆陈省身先生,数学与文化交织

看一场视听盛宴,识一场文化之旅,寻一位数学伟人,探一次人生奥义。一场数学文化的话剧给了我一种全新的体验,让我"结识"了那位我不曾听说过的数学大师,了解他的一生,敬仰他的成就,聆听他的期盼。

陈省身先生,是的,在通过话剧了解他后,我更愿意称他为先生,因为他不仅仅是一位数学大师,更有着那个时代读书人的气质与抱负,正是这种理性与人文的融合,塑造了这样一个陈省身先生。几何人生,在我看来,几何是他数学职业的精简概括,亦是他不平凡的一生。理想与现实,平静与纷争,话剧中都隐隐透露着家、国、时代和陈省身先生的关系。

在话剧《几何人生Ⅱ》中,我看到了历史与现实的相互交织,前人和今人的对话,让我们从过去的角度看当时的数学家们是如何追逐理想,现实的演绎又让我们不断从当代的视角认识、反思和感悟。一方小小的舞台,却容下了众多的数学知识,容下了那些数学家的身影,容下了那段过往的历史。那方小小的舞台,承载着对数学的热爱,承载着对人生的追求,承载着对数学事业的展望。一幕幕场景的转换,相互交错的不同时代给人一种与众不同的体验感,给人留下更深刻的印象。

通过这场数学文化之旅,我看到了陈省身先生一生中的多条故事线。从南开大学到清华大学,从德国汉堡大学到法国巴黎跟随大师 E. 嘉当学习的求学之路,体现了他对数学事业、数学理想的不懈追求。他与朋友的开怀交谈,对杨振宁等科学家的引导,展现了浓厚的友谊之情。他与夫人相濡以沫,朴素而充实的生活却志趣相投。"小山白首人生福,不觉壶中日月长。"这是陈省身写给夫人最简单却饱含爱意与感激的诗句,是平淡爱情的写实。国家战火纷飞,乱世之下,他本着爱国之心,毅然回国,前往西南联合大学任教,为当时的祖国送去知识的甘泉,是家国情怀的诠释。

……也许,陈省身这个名字并没有那么耳熟能详,他的故事也没有广为流传,但在话剧演出之后,又有许多许多的人知道他、敬仰他。他的数学成就不能复制,他的数学思想值得我们学习。现在的数学教育尽管在内容水平上有大幅提高,可是很多人并没有因此热爱数学。我们应该让数学的美被发现,让数学的美被普及,让更多的人认识到数学不拘泥于形式。

话剧的演绎是对数学知识、数学文化传播的一种生动的方式,短短的话剧道出了一位位数学大师的人生,也提高了我们的数学素养,增加了对数学的一些好奇、一些热爱……

通过上述文字可以看到,众多同学对于数学话剧这种文化传播形式是非常肯定的。特别是文科生,他们较多表示对这种文理融合的表现形式感到惊喜,由此感受到数学感性的一面,数学变得"亲切"了。同时我们也很欣喜地看到,恰如有许多学生观众在观后感中写道,观看话剧《几何人生Ⅱ》之前不知陈省身为何许人,观看后则还主动搜索了解更多有关陈省身先生的事迹。

当然,这部数学话剧活动还有许多不足,有如一些同学在话剧感言中提到的——同学们的演出还不够专业,布景较为简陋,戏剧当中的矛盾不够突出,其中有不少地方的数学味有点浓!

几何人生?人生几何!

抱着完成 homework、写一篇多于 1 100 字观后感的目的,我在网课上所用的腾讯会议——后来因音画不同步转战其他视频网站,观看了这部名为《几何人生Ⅱ——大师陈省身》的话剧。

开始时,哪怕画面有些卡顿、声音有些嘈杂,我也能看出这是一部并不那么专业、却又十分专业的话剧:它在话剧表演上不专业,布景较为简陋,人物神态也不甚自然;可它在数学方面又是十足的专业,洋溢着许多数学名词和一些冷僻的数学史。这些都意味着,这部话剧同我在时空上、心灵间有着遥远的距离,而且对我来讲,并不是很有观赏性。

可随着场景的切换,烦闷无聊之时,我又像是走进了剧中。"要不是今天在数学文化课上老师隆重介绍……可是,那有什么办法呢?我需要完成一项作业……"我的思绪不觉间已飘到 2022 年 2 月 21 日的晚上。那时,老师正在介绍一位名叫陈省身的数学家。眼前景致渐渐鲜活,在回忆和现实的交叠中,我不由得想到张爱玲笔下的一句话:

"向来心是看客心,奈何人是剧中人。"

"呵,剧中人啊。"我默念着,发出十足的慨叹;又似是顺了命一般,尝试着进去这部剧、切实当一个"剧中人"。跟随青瑶的步伐,踩着她的影子,我仿佛走过了她的,还有陈省身的一部分生活。"陈省身",这三个字对我来讲不再是数学家的代指,而是一个真真切切的人。他百米跑不过女生,也不太会做实验,便选择了数学这条路。他从南开走向清华,从生养他的祖国踏上海洋彼岸的土地,场景时刻在变化,唯一不变的是他笔下的、他心中的数学。

我自知对数学没太多兴趣和天分,自身的数学水平也只够应付遇到的考试习题和生活问题。但是,这不影响我去体会和欣赏一位数学家的人生。"微分几何",虽然我现在也不清楚这究竟是什么,但我透过这部话剧,可以感受到,这是陈省身、陈先生一生的财富和骄傲,是他用自己富有才华的双手与大脑,为这个世界创造的,给世间人们留下的。

"享受当下的快乐,因为这一刻,正是你的人生。"青瑶在《陈省身传》里看到的、书签上的这句话,我对它的印象是十分深刻的。建安年间,壮志满怀的曹操曾吟诗道:"对酒当歌,人生几何!譬如朝露,去日苦多。"这不是蒙住双眼弃现实于不顾的及时行乐,而是要及时建功立业实现自身抱负的快意使然。陈省身先生在人世间行走了九十三年,他的几何人生是何等的浓墨重彩。人生几何,这辈子又能有多少个九十三年?

"21 世纪,中国必将成为数学大国!"陈先生的话还萦绕在耳畔,他的心意又该如何去实现?在数学上,以我的专业,我个人是做不出什么贡献了。但我同时希望着,也翘首以盼着,中国的数学能确如先生所言,成为新世纪大国风范的重要组成部分。

几何人生?人生几何!走出话剧时,我和走进前的心境是不一样的。这不只是几何,更是人生。在我的有限领域里、在我的短暂一生中,我也要同陈先生一样,做出自己的贡献,留下自己的印记。

是的。《几何人生》话剧系列在向以陈省身先生为代表的众多为现代中国数学崛起而勤勉一生、辛勤耕耘的前辈数学家致敬和感恩的同时,也希望通过越来越多的年轻后来者能够传承和弘扬先生的大师科学工匠精神的使命感,漫步于"21 世纪,数学中国"的行列。希望这些数学话剧的种子埋在一些学生的心中,有一天会绽放灿烂的花朵!

数学,中国,世界。

经由数学桥,可连接中国与世界。

"21世纪的中国会是一个数学大国。"

陈省身先生这一著名的猜想,是许多近代老一辈数学家的愿景,也是当代所有中国数学人的心愿!恰如上述提到的,陈先生的最后岁月,还热心于数学文化传播与科普工作。从先生于2004年设计的"数学之美"月历及其对青少年数学文化教育的关心可以看出,"21世纪数学大国"的内涵不仅在于涌现出一些出色的数学家,更在于中国文明的土壤中形成浓郁厚重的数学普及和文化传播氛围——让大众由衷地亲近数学、欣赏数学,并敬仰大师们。

作为"数学中国"主题的话剧,《几何人生》话剧系列开启了数学话剧团队以话剧的形式传播和弘扬中国数学文化的一些尝试。此后推出的同一主题数学话剧还有《神奇的符号》(2018年)、《数学中国》(2019年)和《素数的故事》(2020年)。这三部话剧是由我们数学话剧团队的同学指导上海市中小学生完成的。从中我们亦了解到,通过观看和出演话剧,青少年更好地了解数学知识、方法和思想背后鲜活的故事,以生动的形式激发他们对数学的兴趣与热情。且在数学话剧活动中感受大师的科学工匠精神和家国情怀,进而鼓舞他们在未来的科学与人文领域中有所建树。通过数学话剧这种模式,可以架起一座连接大学与中小学之间的数学科普和文化教育桥梁,促进和改善当前的中小学数学教育。

因此,数学文化教育的期待和展望是:

1. 通过多所大学以及中小学的联动开展数学文化教育实践活动。

2. 通过举办"数学中国"主题的中学生数学文化夏令营来促进数学科学的普及和文化教育的实践,为"21世纪数学大国"的内涵增添精彩。

3. 数学普及和文化传播或可以有其他的艺术形式。

数学的故事是说不完的,话剧的故事也是说不完的。话剧可以因为数学而无限精彩!

最后,让我们再回到《几何人生Ⅱ》系列话剧演出的宣传海报。

如下图所示,《几何人生Ⅱ》话剧演出宣传海报的设计思想是:背景的左边,是陈省身先生与他夫人的纪念碑,其由两块石头组成,一块是弧形汉白玉,另一块是平板形的黑色花岗岩。墓碑整体横截面呈曲边三角形,象征数学上著名的"高斯-博内-陈公式"。墓碑以这一数学公式的手稿作为墓志铭,上面刻写的是陈先生在美国任教时讲义中的证明手迹。这座纪念碑位于南开大学校园内津河北岸,边上有23个矮凳可供休息和思考。

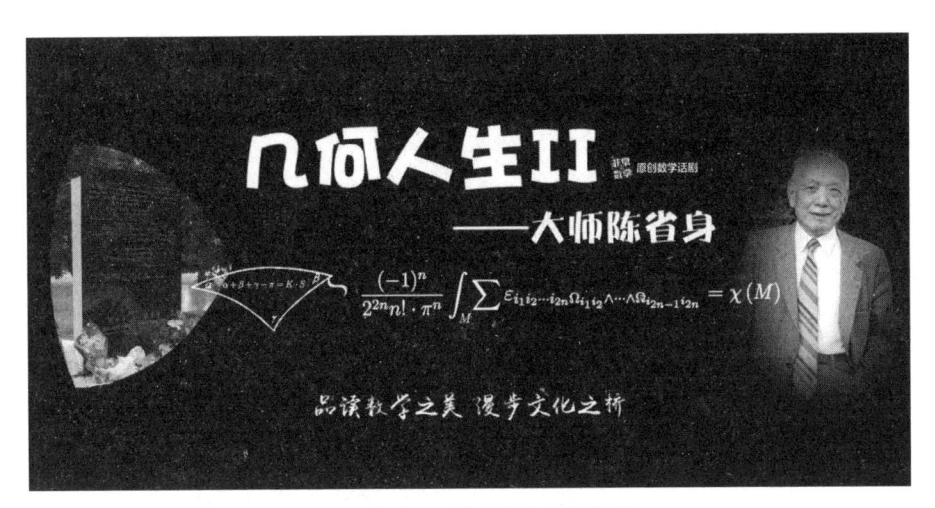

《几何人生Ⅱ》话剧演出宣传海报

正如我们在话剧中倡导的,如果你到天津,可以去那里看看。除了瞻仰大师的纪念碑,还可在那些矮凳上坐坐,从中或可以领略到几许数学科学薪火相传的精神与力量。

第三篇
"爱在中国"
——话剧再创作画片

2021年是非常特殊的一年,是年迎来陈省身先生诞辰110周年。华东师范大学《几何人生Ⅱ》数学话剧组于2020年年底受到陈省身数学研究所邀请,约在2021年9月赴南开大学参加纪念陈省身先生诞辰110周年系列活动之话剧演出。

2021年6月,主创团队一行5人先行来到南开大学,实地参观了陈省身先生的故居宁园、陈省身先生手迹珍存展、省身楼等,并观看了一些未对外开放的珍贵影像资料。这次考察之行让主创团队对先生的几何人生有了更加详细的了解与感悟……受此启迪,话剧组在原先的话剧本基础上,对其中的一些内容、桥段、幕后设计等进行了新的编排,希望可以更好地展现陈省身先生的"几何人生"。特别地,其中有一场相关"爱在中国"主题——第五幕第一场——的话剧本内容改编是比较多的,与以前单纯的以朗诵编排形式有所不同的是,话剧在虚实相间里融入了场景对话,这在后来的演出中效果显著。

以下是话剧再创作后的剧本画片。

第五幕

第一场　大家都来聊聊天
（2021年演出新版）

> 时间：2021年10月28日
> 地点：中国—世界
> 人物：(青年)陈省身，老年陈省身和他的女儿Y，G、E、O、M、T、R

〔灯亮处，舞台上或可出现有G、E、O、M、T、R的身影。其中G、R在舞台中央处，E、T在舞台的左侧，O、M在舞台的右侧。同一处的两人可以有前后之别。

〔当光影依次聚焦E、G和青年陈省身的时刻。

E　　陈省身，世界数学的大师，他创建了整体微分几何这一领域，并领导它优美地发展使之成为当今数学的核心。对我们这代人来说，微分几何就是陈省身，陈省身就是微分几何。我做微分几何，陈先生对我有直接影响。还在读大学本科的时候，曾听过陈先生的一场演讲。

青年陈省身　　数学是一门伟大的学问。它的发展能同其他科学联系，是人类思想的奇迹。比如说麦克斯韦方程的几何基础是一个欧氏平面丛，它的底空间是四维的洛伦兹流形。

这个平面丛观念的引进，归功于外尔，在物理上这是第一个规范场。物理上的困难由于规范变数是实数。如果用周期变数或复数，便一切都妥当了。在电磁学我们应用圆周丛或复线丛。这正与高斯-博内公式符合。复数使数学简化，它也使物理合理化。（稍停处）

以上的麦克斯韦方程可以再推广，叫作杨-米尔斯方程。爱因斯坦晚年苦研统一场论，试了许多不同的空间。现在知道，一个空间，需要纤维丛。

从牛顿到麦克斯韦再到杨振宁,理论物理走上了大道……(光影变幻处)

青年陈省身　以上就是我对于近年来自己研究成果的分享,希望各位同学能够和我一道走近几何,走近数学。(在掌声里,走下演讲台)

G　这就是几何学的世界吗?我决定了!我要……我要跟随陈教授的步伐学习数学!(说着,迎上前去)

E　不仅如此,陈先生的陈-西蒙斯理论在几何、代数、数论中占据重要的位置。在二十世纪后期,有三分之二的数学领域与陈先生的研究密切相关。我很荣幸师从一位伟大的数学家。陈省身先生对我的学术生涯,无论数学上还是个人修养方面,都有着深刻的影响。

［青年陈省身和G在舞台中央的某处握手。

青年陈省身　还记得85年,我们第一次见面的时候,是在天津的干部俱乐部里为了南开数学所及当年的研究生暑期学校开幕。现在你都成为数学家了!

G　陈教授,我在本科就听过您的演讲。那场演讲给我留下了非常深刻的印象,从那时起,我就决定要学习几何。(稍停处,朝舞台下的观众微笑着说道)之后许多次和先生单独吃饭喝酒聊天,每一次我都感到是天意,懵懵懂懂之中被一个圣人吸引进了这座美丽的殿堂。

E　陈教授是我们心中的英雄。在他的身后,为世人留下了两座十分宏伟的"数学城堡",一座是南开大学国际数学研究中心,另一座是大洋彼岸美国国家数学研究所的主楼"陈省身楼"。东西方的这两座大楼相互辉映,推动着——陈先生毕生钟爱的数学事业。

(稍停处)要建设一流大学,单靠大楼和大师还不够,还要有大爱,即营造良好的育人环境。陈先生的工作室,数学讨论班常在这里进行,这正是培养数学家所需要的氛围。陈省身先生一生的数学画卷,正是"科学扎根于讨论"最生动的写照。

［当光影依次聚焦M、R和青年陈省身的时刻。

M　他是二十世纪世界科学史上点燃华人之光的先驱。他一生都致力于培养数学人才,尤其是中国的数学人才,发展中国的数学事业。

青年陈省身	你可知道,我当初学数学是因为跑百米跑不过女生,做实验又不行,只好学数学。
R	那您可谦虚了,我们都喜欢和您相聚,一起畅谈数学。您对有机会与您共事的人,总是不遗余力给予帮助。今天,先生您桃李满天下,门生遍布各大院校数学系,而且您回国后,在中国的影响力也是有目共睹的。
陈省身	我的微薄贡献是帮助建立了中国人的科学自信心。
M	他的学问做得最好,没有哪个中国人能做到这个高度。他的为人也最好,在世界上的威望还没有一个中国人能够达到。在我眼里,陈先生是一位完人。陈先生曾给我出过一道题。
陈省身	(面对 R 说)你觉得,江湖是什么?
R	嗯……江湖就是谁也不能相信。
陈省身	不,江湖就是谁也不能得罪。
R	这是陈先生智慧的人生哲学啊。
陈省身	说不上,真正智慧的是古希腊那些伟大的几何学家了。
R	陈先生相信上帝的存在吗?
陈省身	这也是我想向你提的问题。
M	这是我最后一次与挚友的闲谈。大师的最后岁月,还热心于数学文化传播与科普工作。
	〔光影变幻处,当温馨的背景音乐响起,Y 推着坐在轮椅上的老年陈省身从舞台的一边缓慢来到舞台中央。光影随之聚焦在他们的身上。
Y	此时此刻,我们正在向一位伟大的数学家致敬!不过对我来说,他只是我的父亲。(从轮椅后方走到轮椅侧方,蹲下身聆听)
老年陈省身	你知道,我给你起陈璞这个名字,来源于什么吗?
Y	当然知道了,父亲您说过多少遍了。我这名字呀,来源于您所研究的拓扑学,大数学家!
老年陈省身	哈哈,你父亲可不只是数学家,我还是一个美食家。

| Y | 无论是在伯克利还是在天津,您都认得很多厨师,这美食家哈,名不虚传!(从口袋中拿出两颗巧克力糖,准备递给陈省身)。
不过您有高血糖,那花生米和巧克力糖可得少吃点!(当陈省身正准备接过糖时,Y边说边收回手,叮嘱完之后再给陈省身。陈省身笑着接过糖,但没有吃,翻开放在腿上的一本书中)诶,父亲您又在看金庸先生的武侠小说了呀? |
| --- | --- |
| 老年陈省身 | 金庸先生可不一般,其武侠小说被赋予了一种高度的文学美感和哲学内涵,这和数学的境界是一致与相通的。 |
| Y | 我知道!就和您所设计的数学挂历一样!挂历的每月都标明了一些生动有趣的数学事件,这是对数学之美的生动普及!(从轮椅的袋子里拿出"数学之美"挂历向观众展示后,再交给陈省身) |
| 老年陈省身 | 数学科学普及是我们这一代数学人一直在努力推进的一项工作,这个挂历就是我的一个尝试。(稍停处)不过以后呀,这项工作就要交到你们年轻一辈的学者手里咯。(缓慢地抚摸挂历,再郑重地交给女儿) |

〔舞台上的R随后走上前,推着老年陈省身的轮椅,走向舞台右前侧。

老年陈省身	现在,我终于就要去见古希腊那些伟大的几何学家啦。(在舞台右前侧定格,眺望远方)

5次指针转动的"滴答"声,3次"钟声",《茉莉花》音乐起。

……

〔光影依次聚焦T、O。

T	陈省身先生到底伟大在什么地方?我不懂,举头望明月,我不懂你,但我可以仰望你,我不懂陈省身,但我可以仰望大师。
O	看这书上说:造化爱几何,四方纤维能;千古寸心事,欧高黎嘉陈。
看,这里有一副对联上云:陈类鼻祖,名留寰宇千古;几何泰斗,福泽数学万代。
陈省身,让数学之美薪火相传。
T	听说去天津,名人故居是不可错过的去处。而位于南开大学校内的陈省身故居,却是这些故居中最独特的一道风景。因为那里写满一个大师的数学故事。有栋小楼叫作"宁园"。

O 陈先生说数学好玩,这话我是不敢讲的,因为玩好数学可不容易。我视先生为偶像,先生的力量,将永远激励我们前进。

〔光影再一次转向 E。

E 在巴黎读书期间,我曾收到先生的一封信。先生在这封信里写下的一句话,从此印在我的心底:"让中国的数学站起来。"

〔G、E、O、M、T、R、Y 一道走到舞台前。

合 "我们的希望是在 21 世纪看见中国成为数学大国!"陈省身先生曾如是说。且让我们踏着他的脚印,继续迈进吧! 而作为数学家,无论是在南开、北京、波士顿、洛杉矶、伯克利,还是杭州,我们永远属于陈类!

参考文献

[1] 埃里克·坦普尔·贝尔.数学大师:从芝诺到庞加莱[M].徐源,译.上海:上海科技教育出版社,2012.

[2] 孔国平.希帕蒂娅——人类历史上最早的女科学家[J].自然辩证法通讯,1996(5):58-66.

[3] 武修文,王青建.朱丽亚·罗宾逊——数学界的杰出女性[J].自然辩证法通讯,2004,26(5):89-96.

[4] 徐品方.女数学家传奇[M].北京:科学出版社.2005.

[5] 安·希·科布利茨.科瓦列夫斯卡娅[M].赵斌,译.北京:科学技术文献出版社,1990.

[6] 吴文俊.世界著名数学家传记[M].北京:科学出版社,1995.

[7] 张奠宙,王善平.陈省身传[M].天津:南开大学出版社,2011.

[8] 陈省身.陈省身文集[M].张奠宙,王善平,编.上海:华东师范大学出版社,2002.

[9] 吴文俊,葛墨林.陈省身与中国数学[M].天津:南开大学出版社,2007.

[10] 陈省身.做好的数学[M].张奠宙,王善平,编.大连:大连理工大学出版社,2020.

[11] 柳形上.《几何人生》中的话剧之声[J].数学文化,2020,11(4):94-109.